工程质量安全手册实施细则系列丛书

工程实体质量控制实施细则与质量管理资料

（地基基础工程、防水工程）

中国工程建设标准化协会建筑施工专业委员会

北京土木建筑学会　组织编写

北京万方建知教育科技有限公司

吴松勤　高新京　主编

中国建筑工业出版社

图书在版编目（CIP）数据

工程实体质量控制实施细则与质量管理资料（地基基础工程、防水工程）/吴松勤，高新京主编. —北京：中国建筑工业出版社，2019.3
（工程质量安全手册实施细则系列丛书）
ISBN 978-7-112-23205-5

Ⅰ. ①工… Ⅱ. ①吴… ②高… Ⅲ. ①地基-基础（工程）-质量控制-细则-中国②地基-基础（工程）-质量管理-资料-中国③建筑防水-工程施工-质量控制-细则-中国④建筑防水-工程施工-质量管理-资料-中国
Ⅳ. ①TU712.3

中国版本图书馆 CIP 数据核字（2019）第 015837 号

本书共分 6 章，主要内容包括：地基基础工程质量控制、防水工程质量控制、建筑材料进场检验资料、施工试验检测资料、施工记录、质量验收记录等内容。

本书严格遵照《工程质量安全手册》的具体规定，依据国家现行标准，从控制目标、保障措施等方面制定简洁明了、要求明确的实施细则，内容实用，指导性强，方便工程建设单位、监理单位、施工单位及质量安全监督机构的技术人员和管理人员学习参考。

责任编辑：杨　杰　范业庶
责任校对：王　烨

工程质量安全手册实施细则系列丛书
工程实体质量控制实施细则与质量管理资料
（地基基础工程、防水工程）
中国工程建设标准化协会建筑施工专业委员会
北京土木建筑学会　组织编写
北京万方建知教育科技有限公司
吴松勤　高新京　主编

*

中国建筑工业出版社出版、发行（北京海淀三里河路 9 号）
各地新华书店、建筑书店经销
霸州市顺浩图文科技发展有限公司制版
北京同文印刷有限责任公司印刷

*

开本：787×1092 毫米　1/16　印张：13½　字数：332 千字
2019 年 3 月第一版　2019 年 3 月第一次印刷
定价：**48.00** 元
ISBN 978-7-112-23205-5
（33285）

本书编写委员会

组织编写： 中国工程建设标准化协会建筑施工专业委员会

北京土木建筑学会

北京万方建知教育科技有限公司

主　　编： 吴松勤　高新京

副 主 编： 杨玉江　吴　洁

参编人员： 刘文君　桂双云　乔凤超　赵　键　刘兴宇

温丽丹　刘　朋　穆晋通　江龙亮　周海军

出 版 说 明

为深入开展工程质量安全提升行动，保证工程质量安全，提高人民群众满意度，推动建筑业高质量发展，2018年9月21日住房城乡建设部发出了《住房城乡建设部关于印发〈工程质量安全手册〉（试行）的通知》（建质〔2018〕95号），文件要求："各地住房城乡建设主管部门可在工程质量安全手册的基础上，结合本地实际，细化有关要求，制定简洁明了、要求明确的实施细则。要督促工程建设各方主体认真执行工程质量安全手册，将工程质量安全要求落实到每个项目、每个员工，落实到工程建设全过程。要以执行工程质量安全手册为切入点，开展质量安全'双随机、一公开'检查，对执行情况良好的企业和项目给予评优评先等政策支持，对不执行或执行不力的企业和个人依法依规严肃查处并曝光。"

为宣传贯彻落实《工程质量安全手册》（以下简称《手册》），2018年10月25日住房城乡建设部在湖北省武汉市召开工程质量监管工作座谈会，住房城乡建设部相关领导出席会议。北京、天津、上海、重庆、湖北、吉林、宁夏、江苏、福建、山东、广东等11个省（自治区、市）住房城乡建设主管部门有关负责同志参加座谈会。

会议认为，质量安全工作永远在路上，需要大家共同努力、抓实抓好。一要统一思想、提高站位，充分认识推行《手册》制度的重要性、必要性。推行《手册》制度是贯彻落实党中央、国务院决策部署的重要举措，是建筑业高质量发展的重要内容，是提升工程质量安全管理水平的有效手段。二要凝聚共识、精准施策，积极推进《手册》落到实处。要坚持项目管理与政府监管并重、企业责任与个人责任并重、治理当前问题与夯实长远基础并重，提高项目管理水平，提升政府监管能力，强化责任追究。三要牢记使命、勇于担当，以执行《手册》为着力点，改革和完善工程质量安全保障体系。按照"不立不破、先立后破"的原则，坚持问题导向，强化主体责任、完善管理体系，创新市场机制、激发市场主体活力，完善管理制度、确保建材产品质量，改革标准体系、推进科技创新驱动，建立诚信平台、推进社会监督。

会议强调，各地要结合本地实际制定简洁明了、要求明确的实施细则，先行先试，样板引路。要狠下功夫，抓好建设单位和总承包单位两个主体责任落实。要解决老百姓关心的住宅品质问题，切实提升建筑品质，不断增强人民群众的获得感、幸福感、安全感。要严厉查处违法违规行为，加大对人员尤其是注册执业人员的处罚力度。要大力培育现代产业工人队伍，总承包单位要培养自有技术骨干工人。要加大建筑业改革闭环管理力度，重点抓好总承包前端和现代产业工人末端，促进建筑业高质量发展。要加大危大工程管理力度，采取强有力手段，确保"方案到位、投入到位、措施到位"，有效遏制较大及以上安全事故发生。

为配合《工程质量安全手册》的贯彻实施，我社委托中国工程建设标准化协会建筑施工专业委员会、北京土木建筑学会、北京万方建知教育科技有限公司组织有关专家编写了这套《工程质量安全手册实施细则系列丛书》，方便工程建设单位、监理单位、施工单位及质量安全监督机构的技术人员和管理人员学习参考。丛书共分为 9 个分册，分别是：《工程质量安全管理与控制细则》、《工程实体质量控制实施细则与质量管理资料（地基基础工程、防水工程）》、《工程实体质量控制实施细则与质量管理资料（混凝土工程）》、《工程实体质量控制实施细则与质量管理资料（钢结构工程、装配式混凝土工程）》、《工程实体质量控制实施细则与质量管理资料（砌体工程、装饰装修工程）》、《工程实体质量控制实施细则与质量管理资料（建筑电气工程、智能建筑工程）》、《工程实体质量控制实施细则与质量管理资料（给水排水及采暖工程、通风与空调工程）》、《工程实体质量控制实施细则与质量管理资料（市政工程）》、《建设工程安全生产现场控制实施细则与安全管理资料》。

本丛书严格遵照《工程质量安全手册》的具体规定，依据国家现行标准，从控制目标、保障措施等方面制定简洁明了、要求明确的实施细则，内容实用，指导性强，方便工程建设单位、监理单位、施工单位及质量安全监督机构的技术人员和管理人员学习参考。

目 录

上篇 工程实体质量控制实施细则

上 篇

工程实体质量控制实施细则

Chapter 01

地基基础工程质量控制

1.1 基槽验收细则

《工程质量安全手册》第3.1.1条：

按照设计和规范要求进行基槽验收。

📖实施细则：

1.1.1 地基验槽的要求

1. 质量目标

地基基础工程必须进行验槽，地基验槽要符合设计和规范的要求。

注：本内容参照《建筑地基工程施工质量验收标准》（GB 50202—2018）第3.0.4条的规定。

2. 质量保障措施

（1）勘察、设计、监理、施工、建设等各方相关技术人员应共同参加验槽。

（2）验槽时，现场应具备岩土工程勘察报告、轻型动力触探记录（可不进行轻型动力触探的情况除外）、地基基础设计文件、地基处理或深基础施工质量检测报告等。

（3）当设计文件对基坑坑底检验有专门要求时，应按设计文件要求进行。

（4）验槽应在基坑或基槽开挖至设计标高后进行，对留置保护土层时其厚度不应超过100mm；槽底应为无扰动的原状土。

（5）遇到下列情况之一时，尚应进行专门的施工勘察。

1）工程地质与水文地质条件复杂，出现详勘阶段难以查清的问题时；

2）开挖基槽发现土质、地层结构与勘察资料不符时；

3）施工中地基土受严重扰动，天然承载力减弱，需进一步查明其性状及工程性质时；

4）开挖后发现需要增加地基处理或改变基础形式，已有勘察资料不能满足需求时；

5）施工中出现新的岩土工程或工程地质问题，已有勘察资料不能充分判别新情况时。

（6）进行施工勘察时，验槽时要结合详勘和施工勘察成果进行。

（7）验槽完毕填写验槽记录或检验报告，对存在的问题或异常情况提出处理意见。

注：本内容参照《建筑地基工程施工质量验收标准》（GB 50202—2018）附录A.1的规定。

1.1.2 基槽的检验

1. 质量目标

天然地基、地基处理工程、桩基工程的验槽都应符合设计和规范的要求。

注：本内容参照《建筑地基工程施工质量验收标准》（GB 50202—2018）第 3.0.4 条的规定。

2. 质量保障措施

（1）天然地基验槽

1）天然地基验槽应检验下列内容：

① 根据勘察、设计文件核对基坑的位置、平面尺寸、坑底标高；

② 根据勘察报告核对基坑底、坑边岩土体和地下水情况；

③ 检查空穴、古墓、古井、暗沟、防空掩体及地下埋设物的情况，并应查明其位置、深度和性状；

④ 检查基坑底土质的扰动情况以及扰动的范围和程度；

⑤ 检查基坑底土质受到冰冻、干裂、受水冲刷或浸泡等扰动情况，并应查明影响范围和深度。

2）在进行直接观察时，可用袖珍式贯入仪或其他手段作为验槽辅助。

3）天然地基验槽前应在基坑或基槽底普遍进行轻型动力触探检验，检验数据作为验槽依据。轻型动力触探应检查下列内容：

① 地基持力层的强度和均匀性；

② 浅埋软弱下卧层或浅埋突出硬层；

③ 浅埋的会影响地基承载力或基础稳定性的古井、墓穴和空洞等。

轻型动力触探宜采用机械自动化实施，检验完毕后，触探孔位处应灌砂填实。

4）采用轻型动力触探进行基槽检验时，检验深度及间距应按表 1-1 执行。

轻型动力触探检验深度及间距（m）　　　　　　　　　　　　　　表 1-1

排列方式	基坑或基槽宽度	检验深度	检验间距
中心一排	<0.8	1.2	一般 1.0m～1.5m，出现明显异常时，需加密至足够掌握的异常边界
两排错开	0.8～2.0	1.5	
梅花型	>2.0	2.1	

注：对于设置有抗拔桩或抗拔锚杆的天然地基，轻型动力触探布点间距可根据抗拔桩或抗拔锚杆的布置进行适当调整；在土层分布均匀部位可只在抗拔桩或抗拔锚杆间距中心布点，对土层不太均匀部位以掌握土层不均匀情况为目的，参照上表间距布点。

5）遇下列情况之一时，可不进行轻型动力触探：

① 承压水头可能高于基坑底面标高，触探可造成冒水涌砂时；

② 基础持力层为砾石层或卵石层，且基底以下砾石层或卵石层厚度大于 1m 时；

③ 基础持力层为均匀、密实砂层，且基底以下厚度大于 1.5m 时。

注：本内容参照《建筑地基工程施工质量验收标准》（GB 50202—2018）附录 A.2 的规定。

（2）地基处理工程验槽

1）设计文件有明确地基处理要求的，在地基处理完成、开挖至基底设计标高后进行验槽。

2）对于换填地基、强夯地基，应现场检查处理后的地基均匀性、密实度等检测报告和承载力检测资料。

3）对于增强体复合地基，应现场检查桩位、桩头、桩间土情况和复合地基施工质量检测报告。

4）对于特殊土地基，应现场检查处理后地基的湿陷性、地震液化、冻土保温、膨胀土隔水、盐渍土改良等方面的处理效果检测资料。

5）经过地基处理的地基承载力和沉降特性，应以处理后的检测报告为准。

注：本内容参照《建筑地基工程施工质量验收标准》（GB 50202—2018）附录 A.3 的规定。

（3）桩基工程验槽

1）设计计算中考虑桩筏基础、低桩承台等桩间土共同作用时，应在开挖清理至设计标高后对桩间土进行检验。

2）对人工挖孔桩，应在桩孔清理完毕后，对桩端持力层进行检验。对大直径挖孔桩，应逐孔检验孔底的岩土情况。

3）在试桩或桩基施工过程中，应根据岩土工程勘察报告对出现的异常情况、桩端岩土层的起伏变化及桩周岩土层的分布进行判别。

注：本内容参照《建筑地基工程施工质量验收标准》（GB 50202—2018）附录 A.4 的规定。

1.2　轻型动力触探

📋《工程质量安全手册》第 3.1.2 条：

按照设计和规范要求进行轻型动力触探。

📖实施细则：

1.2.1　轻型动力触探检查的要求

1. 质量目标

轻型动力触探的设备、检验深度及间距符合规范要求。

2. 质量保障措施

（1）轻型动力触探应检查的内容

① 地基持力层的强度和均匀性；

② 浅埋软弱下卧层或浅埋突出硬层；

③ 浅埋的会影响地基承载力或基础稳定性的古井、墓穴和空洞等。

（2）仪器设备的要求

触探杆应顺直，每节触探杆相对弯曲宜小于 0.5%，丝扣完好无裂纹。当探头直径磨损大于 2mm 或锥尖高度磨损大于 5mm 时应及时更换探头。

注：本内容参照《建筑地基检测技术规范》（JGJ 340—2015）第 8.2.3 的规定。

（3）检验深度及间距

采用轻型动力触探进行基槽检验时，检验深度及间距应按表 1-1 执行。

（4）触探孔位的处理

轻型动力触探宜采用机械自动化实施，检验完毕后，触探孔位处应灌砂填实。

注：本内容参照《建筑地基工程施工质量验收标准》（GB 50202—2018）附录 A.2.3 的规定。

（5）可不进行轻型动力触探的情况

遇下列情况之一时，可不进行轻型动力触探：

① 承压水头可能高于基坑底面标高，触探可造成冒水涌砂时；

② 基础持力层为砾石层或卵石层，且基底以下砾石层或卵石层厚度大于 1m 时；

③ 基础持力层为均匀、密实砂层，且基底以下厚度大于 1.5m 时。

注：本内容参照《建筑地基工程施工质量验收标准》（GB 50202—2018）附录 A.2.4-A.2.5 的规定。

1.2.2 现场检验

1. 质量目标

经人工处理的地基，应根据处理土的类型合理选择圆锥动力触探试验类型，其试验方法、要求按天然地基试验方法和要求执行。

注：本内容参照《建筑地基检测技术规范》（JGJ 340—2015）第 8.3.1 的规定。

2. 质量保障措施

（1）试验点的布设

轻型动力触探试验应在平整的场地上进行，试验点平面布设应符合下列规定：

1）测试点应根据工程地质分区或加固处理分区均匀布置，并应具有代表性；

2）评价地基处理效果时，处理前、后的测试点的布置应考虑前后的一致性。

（2）测试深度的要求

测试深度除应满足设计要求外，尚应符合下列规定：

1）天然地基检测深度应达到主要受力层深度以下；

2）人工地基检测深度应达到加固深度以下 0.5m。

（3）轻型动力触探试验的要求

1）轻型动力触探试验应采用自由落锤；

2）地面上触探杆高度不宜超过 1.5m，并应防止锤击偏心、探杆倾斜和侧向晃动；

3）锤击贯入应连续进行，保持探杆垂直度，锤击速率宜为（15～30）击/min；

4）每贯入 1m，宜将探杆转动一圈半；当贯入深度超过 10m，每贯入 20cm 宜转动探杆一次；

5）应及时记录试验段深度和锤击数。轻型动力触探应记录每贯入 30cm 的锤击数；

6）当贯入 30cm 锤击数大于 100 击或贯入 15cm 锤击数超过 50 击时，可停止试验。

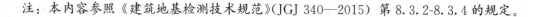

注：本内容参照《建筑地基检测技术规范》（JGJ 340—2015）第 8.3.2-8.3.4 的规定。

1.3　地基强度或承载力检验

📋 **《工程质量安全手册》第 3.1.3 条：**

> 地基强度或承载力检验结果符合设计要求。

📖 **实施细则：**

1.3.1　地基强度的检验

1. 质量目标

（1）施工结束后，预压地基、强夯地基、注浆地基除应进行地基承载力检验外，还应进行地基的强度检验。

（2）处理后地基土的强度为主控项目，检验结果不小于设计值。

（3）检验方法：原位测试。

注：本内容参照《建筑地基工程施工质量验收标准》（GB 50202—2018）第 4.6.3、4.6.4、4.7.3、4.7.4、4.8.3、4.8.4 条的规定。

2. 质量保障措施

地基的强度检验应采用原位试验，检验时，可根据各种检测方法的特点和适用范围，考虑地质条件及施工质量可靠性、使用要求等因素，应选择标准贯入试验、静力触探试验、圆锥动力触探试验、十字板剪切试验、扁铲侧胀试验、多道瞬态面波试验等一种或多种的方法进行检测，检测结果结合静载荷试验成果进行评价。

（1）不同地基的检验方法与试验要求

1）换填地基

对粉质黏土、灰土、砂石、粉煤灰垫层的施工质量可选用环刀取样、静力触探、轻型动力触探或标准贯入试验等方法进行检验；对碎石、矿渣垫层的施工质量可采用重型动力触探试验等进行检验。压实系数可采用灌砂法、灌水法或其他方法进行检验。

换填垫层的施工质量检验应分层进行，并应在每层的压实系数符合设计要求后铺填上层。采用环刀法检验垫层的施工质量时，取样点应选择位于每层垫层厚度的 2/3 深度处。检验点数量，条形基础下垫层每 10～20m 不应少于 1 个点，独立柱基、单个基础下垫层不应少于 1 个点，其他基础下垫层每 50～100m² 不应少于 1 个点。

采用标准贯入试验或动力触探法检验垫层的施工质量时，每分层平面上检验点的间距不应大于 4m。

注：本内容参照《建筑地基处理技术规范》JGJ 79—2012 第 4.4.1、4.4.2、4.4.3 条的规定。

2）预压地基

预压地基原位试验可采用十字板剪切试验或静力触探，检验深度不应小于设计处理深度。原位试验和室内土工试验，应在卸载 3～5d 后进行。检验数量按每个处理分区不少于

6 点进行检测，对于堆载斜坡处应增加检验数量。

注：本内容参照《建筑地基处理技术规范》JGJ 79—2012 第 5.4.3 条的规定。

3）压实地基

① 在施工过程中，应分层取样检验土的干密度和含水量；每 50～100m² 面积内应设不少于 1 个检测点，每一个独立基础下，检测点不少于 1 个点，条形基础每 20 延米设检测点不少于 1 个点，压实系数不得低于表 1-2 的规定；采用灌水法或灌砂法检测的碎石土干密度不得低于 2.0t/m³。

压实填土的质量控制

表 1-2

结构类型	填 土 部 位	压实系数 λ_c	控制含水量（%）
砌体承重结构和框架结构	在地基主要受力层范围以内	≥0.97	$w_{op}\pm2$
	在地基主要受力层范围以下	≥0.95	
排架结构	在地基主要受力层范围以内	≥0.96	
	在地基主要受力层范围以下	≥0.94	

注：地坪垫层以下及基础底面标高以上的压实填土，压实系数不应小于 0.94。

② 有地区经验时，可采用动力触探、静力触探、标准贯入等原位试验，并结合干密度试验的对比结果进行质量检验。

③ 冲击碾压法施工宜分层进行变形量、压实系数等土的物理力学指标监测和检测。

④ 压实地基的施工质量检验应分层进行。每完成一道工序，应按设计要求进行验收，未经验收或验收不合格时，不得进行下一道工序施工。

注：本内容参照《建筑地基处理技术规范》JGJ 79—2012 第 6.2.4、6.2.5 条的规定。

4）夯实地基

夯实地基检验点的数量，可根据场地复杂程度和建筑物的重要性确定，对于简单场地上的一般建筑物，按每 400m² 不少于 1 个检测点，且不少于 3 点；对于复杂场地或重要建筑地基，每 300m² 不少于 1 个检验点，且不少于 3 点。强夯置换地基，可采用超重型或重型动力触探试验等方法，检查置换墩着底情况及承载力与密度随深度的变化，检验数量不应少于墩点数的 3%，且不少于 3 点。

注：本内容参照《建筑地基处理技术规范》JGJ 79—2012 第 6.3.14 条的规定。

5）注浆地基

① 注浆检验应在注浆结束 28d 后进行。可选用标准贯入、轻型动力触探、静力触探或面波等方法进行加固地层均匀性检测。

② 水泥为主剂的注浆加固质量检验应符合下列规定：

a. 注浆检验应在注浆结束 28d 后进行。可选用标准贯入、轻型动力触探、静力触探或面波等方法进行加固地层均匀性检测。

b. 按加固土体深度范围每间隔 1m 取样进行室内试验，测定土体压缩性、强度或渗透性。

c. 注浆检验点不应少于注浆孔数的 2%～5%。检验点合格率小于 80% 时，应对不合格的注浆区实施重复注浆。

③ 硅化注浆加固质量检验应符合下列规定：

a. 硅酸钠溶液灌注完毕，应在 7～10d 后，对加固的地基土进行检验；

b. 应采用动力触探或其他原位测试检验加固地基的均匀性；

c. 工程设计对土的压缩性和湿陷性有要求时，尚应在加固土的全部深度内，每隔 1m 取土样进行室内试验，测定其压缩性和湿陷性；

d. 检验数量不应少于注浆孔数的 2%～5%。

④ 碱液加固质量检验应符合下列规定：

a. 碱液加固施工应做好施工记录，检查碱液浓度及每孔注入量是否符合设计要求。

b. 开挖或钻孔取样，对加固土体进行无侧限抗压强度试验和水稳性试验。取样部位应在加固土体中部，试块数不少于 3 个，28d 龄期的无侧限抗压强度平均值不得低于设计值的 90%。将试块浸泡在自来水中，无崩解。当需要查明加固土体的外形和整体性时，可对有代表性加固土体进行开挖，量测其有效加固半径和加固深度。

c. 检验数量不应少于注浆孔数的 2%～5%。

注：本内容参照《建筑地基处理技术规范》JGJ 79—2012 第 8.4.1-8.4.3 条的规定。

（2）标准贯入试验要点

1）标准贯入试验应在平整的场地上进行，试验点平面布设应符合下列规定：

① 测试点应根据工程地质分区或加固处理分区均匀布置，并应具有代表性；

② 复合地基桩间土测试点应布置在桩间等边三角形或正方形的中心；复合地基竖向增强体上可布设测点；有检测加固土体的强度变化等特殊要求时，可布置在离桩边不同距离处；

③ 评价地基处理效果和消除液化的处理效果时，处理前、后的测试点布置应考虑位置的一致性。

2）标准贯入试验的检测深度除应满足设计要求外，尚应符合下列规定：

① 天然地基的检测深度应达到主要受力层深度以下；

② 人工地基的检测深度应达到加固深度以下 0.5m。

3）标准贯入试验孔宜采用回转钻进，在泥浆护壁不能保持孔壁稳定时，宜下套管护壁，试验深度须在套管底端 75cm 以下。

4）试验孔钻至进行试验的土层标高以上 15cm 处，应清除孔底残土后换用标准贯入器，并应量得深度尺寸再进行试验。

5）试验应采用自动脱钩的自由落锤法进行锤击，并应采取减小导向杆与锤间的摩阻力、避免锤击时的偏心和侧向晃动以及保持贯入器、探杆、导向杆连接后的垂直度等措施。

6）标准贯入试验应符合下列规定：

① 贯入器垂直打入试验土层中 15cm 应不计击数；

② 继续贯入，应记录每贯入 10cm 的锤击数，累计 30cm 的锤击数即为标准贯入击数；

③ 锤击速率应小于 30 击/min；

④ 当锤击数已达 50 击，而贯入深度未达到 30cm 时，宜终止试验，记录 50 击的实际贯入深度，应按下式换算成相当于贯入 30cm 的标准贯入试验实测锤击数：

$$N=30\times\frac{50}{\Delta S}$$

式中　N——标准贯入击数；

　　　ΔS——50击时的贯入度（cm）。

⑤ 贯入器拔出后，应对贯入器中的土样进行鉴别、描述、记录；需测定黏粒含量时留取土样进行试验分析。

7）标准贯入试验点竖向间距应视工程特点、地层情况、加固目的确定，宜为1.0m。

8）同一检测孔的标准贯入试验点间距宜相等。

注：本内容参照《建筑地基检测技术规范》（JGJ 340—2015）第7.3.1-7.3.8的规定。

（3）静力触探试验要点

1）静力触探测试应在平整的场地上进行，测试点应根据工程地质分区或加固处理分区均匀布置，并应具有代表性；当评价地基处理效果时，处理前、后的测试点应考虑前后的一致性。

2）静力触探测试深度除应满足设计要求外，尚应按下列规定执行：

① 天然地基检测深度应达到主要受力层深度以下；

② 人工地基检测深度应达到加固深度以下0.5m。

3）静力触探设备的安装应平稳、牢固，并应根据检测深度和表面土层的性质，选择合适的反力装置。

4）静力触探头应根据土层性质和预估贯入阻力进行选择，并应满足精度要求。试验前，静力触探头应连同记录仪、电缆在室内进行率定；测试时间超过3个月时，每3个月应对静力触探头率定一次；当现场测试发现异常情况时，应重新率定。

5）静力触探试验现场操作应符合下列规定：

① 贯入前，应对触探头进行试压，确保顶柱、锥头、摩擦筒能正常工作；

② 装卸触探头时，不应转动触探头；

③ 先将触探头贯入土中0.5～1.0m，然后提升5～10cm，待记录仪无明显零位漂移时，记录初始读数或调整零位，方能开始正式贯入；

④ 触探的贯入速率应控制为（1.2±0.3)m/min，在同一检测孔的试验过程中宜保持匀速贯入；

⑤ 深度记录的误差不应超过触探深度的±1‰；

⑥ 当贯入深度超过30m，或穿过厚层软土后再贯入硬土层时，应采取防止孔斜措施，或配置测斜探头，量测触探孔的偏斜角，校正土层界线的深度。

6）静力触探试验记录应符合下列规定：

① 贯入过程中，在深度10m以内可每隔2～3m提升探头一次，测读零漂值，调整零位；以后每隔10m测读一次；终止试验时，必须测读和记录零漂值；

② 测读和记录贯入阻力的测点间距宜为0.1～0.2m，同一检测孔的测点间距应保持不变；

③ 应及时核对记录深度与实际孔深的偏差；当有明显偏差时，应立即查明原因，采取纠正措施；

④ 应及时准确记录贯入过程中发生的各种异常或影响正常贯入的情况。

7）当出现下列情况之一时，应终止试验：

① 达到试验要求的贯入深度；

② 试验记录显示异常；

③ 反力装置失效；

④ 触探杆的倾斜度超过10°。

注：本内容参照《建筑地基检测技术规范》（JGJ 340—2015）第9.3.1-9.3.7的规定。

（4）圆锥动力触探试验要点

1）圆锥动力触探试验应在平整的场地上进行，试验点平面布设应符合下列规定：

① 测试点应根据工程地质分区或加固处理分区均匀布置，并应具有代表性；

② 评价强夯置换墩着底情况时，测试点位置可选择在置换墩中心；

③ 评价地基处理效果时，处理前、后的测试点的布置应考虑前后的一致性。

2）圆锥动力触探测试深度除应满足设计要求外，尚应符合下列规定：

① 天然地基检测深度应达到主要受力层深度以下；

② 人工地基检测深度应达到加固深度以下0.5m。

3）圆锥动力触探试验应符合下列规定：

① 圆锥动力触探试验应采用自由落锤；

② 地面上触探杆高度不宜超过1.5m，并应防止锤击偏心、探杆倾斜和侧向晃动；

③ 锤击贯入应连续进行，保持探杆垂直度，锤击速率宜为（15～30）击/min；

④ 每贯入1m，宜将探杆转动一圈半；当贯入深度超过10m，每贯入20cm宜转动探杆一次；

⑤ 应及时记录试验段深度和锤击数。轻型动力触探应记录每贯入30cm的锤击数，重型或超重型动力触探应记录每贯入10cm的锤击数；

⑥ 对轻型动力触探，当贯入30cm锤击数大于100击或贯入15cm锤击数超过50击时，可停止试验；

⑦ 对重型动力触探，当连续3次锤击数大于50击时，可停止试验或改用钻探、超重型动力触探；当遇有硬夹层时，宜穿过硬夹层后继续试验。

4）进行圆锥动力触探试验时的技术要求。

① 锤击能量是最重要的因素。规定落锤方式采用控制落距的自动落锤，使锤击能量比较恒定。

② 注意保持杆件垂直，锤击时防止偏心及探杆晃动。贯入过程应不间断地连续击入，在黏性土中击入的间歇会使侧摩阻力增大。锤击速度也影响试验成果，一般采用每分钟15～30击；在砂土、碎石土中，锤击速度影响不大，可取高值。

③ 触探杆与土间的侧摩阻力是另一重要因素。试验中可采取下列措施减少侧摩阻力的影响：

a. 探杆直径应小于探头直径，在砂土中探头直径与探杆直径比应大于1.3；

b. 贯入时旋转探杆，以减少侧摩阻力；

c. 探头的侧摩阻力与土类、土性、杆的外形、刚度、垂直度、触探深度等均有关，很难用一固定的修正系数处理，应采取切合实际的措施，减少侧摩阻力，对贯入深度加以限制。

④ 由于地基土往往存在硬夹层，不同规格的触探设备其穿透能力不同，为避免强行穿越硬夹层时损坏设备，对轻型动力触探和重型动力触探分别给出可终止试验的条件。当全面评价人工地基的施工质量，当处理范围内有硬夹层时，宜穿过硬夹层后继续试验。

注：本内容参照《建筑地基检测技术规范》(JGJ 340—2015) 第 8.3.2-8.3.4 的规定。

（5）十字板剪切试验要点

1）场地和仪器设备安装应符合下列规定：

① 检测孔位应避开地下电缆、管线及其他地下设施；

② 检测孔位场地应平整；

③ 试验过程中，机座应始终处于水平状态；地表水体下的十字板剪切试验，应采取必要措施，保证试验孔和探杆的垂直度。

2）机械式十字板剪切试验操作应符合下列规定：

① 十字板头与钻杆应逐节连接并拧紧；

② 十字板插入至试验深度后，应静止 2～3min，方可开始试验；

③ 扭转剪切速率宜采用（6～12）°/min，并应在 2min 内测得峰值强度；测得峰值或稳定值后，继续测读 1min，以便确认峰值或稳定值；

④ 需要测定重塑土抗剪强度时，应在峰值强度或稳定值测试完毕后，按顺时针方向连续转动 6 圈，再按第 3 条测定重塑土的不排水抗剪强度。

3）电测式十字板剪切仪试验操作应符合下列规定：

① 十字板探头压入前，宜将探头电缆一次性穿入需用的全部探杆；

② 现场贯入前，应连接量测仪器并对探头进行试力，确保探头能正常工作；

③ 将十字板头直接缓慢贯入至预定试验深度处，使用旋转装置卡盘卡住探杆；应静止 3～5min 后，测读初始读数或调整零位，开始正式试验；

④ 以（6～12）°/min 的转速施加扭力，每 1°～2°测读数据一次。当峰值或稳定值出现后，再继续测读 1min，所得峰值或稳定值即为试验土层剪切破坏时的读数 P_f。

4）十字板插入钻孔底部深度应大于 3～5 倍孔径；对非均质或夹薄层粉细砂的软黏性土层，宜结合静力触探试验结果，选择软黏土进行试验。

5）十字板剪切试验深度宜按工程要求确定。试验深度对原状土地基应达到应力主要影响深度，对处理土地基应达到地基处理深度；试验点竖向间距可根据地层均匀情况确定。

6）测定场地土的灵敏度时，宜根据土层情况和工程需要选择有代表性的孔、段进行。

7）十字板剪切试验应记录下列信息：

① 十字板探头的编号、十字板常数、率定系数；

② 初始读数、扭矩的峰值或稳定值；

③ 及时记录贯入过程中发生的各种异常或影响正常贯入的情况。

8）当出现下列情况之一时，可终止试验：

① 达到检测要求的测试深度；

② 十字板头的阻力达到额定荷载值；

③ 电信号陡变或消失；

④ 探杆倾斜度超过 2%。

注：本内容参照《建筑地基检测技术规范》（JGJ 340—2015）第 10.3.1-10.3.8 的规定。

1.3.2 地基承载力的检验

1. 质量目标

（1）施工结束后，应进行地基承载力检验。

（2）地基承载力为主控项目，检验结果不小于设计值。

检验方法：静载试验。

注：本内容参照《建筑地基工程施工质量验收标准》（GB 50202—2018）第 4.2.3、4.2.4、4.3.3、4.3.4、4.4.3、4.4.4、4.5.3、4.5.4、4.6.3、4.6.4、4.7.3、4.7.4、4.8.3、4.8.4 的规定。

2. 质量保障措施

（1）地基承载力的检验时间与检验数量

地基承载力应采用静载荷试验检验，且每个单体工程不宜少于 3 个点；对于大型工程应按单体工程的数量或工程划分的面积确定检验点数。

注：本内容参照《建筑地基处理技术规范》（JGJ 79—2012）第 4.4.4、5.4.4、6.2.5 条的规定。

强夯处理后的地基承载力检验，应在施工结束后间隔一定时间进行，对于碎石土和砂土地基，间隔时间宜为 7～14d；粉土和黏性土地基，间隔时间宜为 14～28d；强夯置换地基，间隔时间宜为 28d。

强夯地基承载力检验的数量，应根据场地复杂程度和建筑物的重要性确定，对于简单场地上的一般建筑，每个建筑地基载荷试验检验点不应少于 3 点；对于复杂场地或重要建筑地基应增加检验点数。检测结果的评价，应考虑夯点和夯间位置的差异。强夯置换地基单墩载荷试验数量不应少于墩点数的 1%，且不少于 3 点；对饱和粉土地基，当处理后墩间土能形成 2.0m 以上厚度的硬层时，其地基承载力可通过现场单墩复合地基静载荷试验确定，检验数量不应少于墩点数的 1%，且每个建筑载荷试验检验点不应少于 3 点。

注：本内容参照《建筑地基处理技术规范》（JGJ 79—2012）第 6.3.14 条的规定。

（2）静载试验要点

静载试验要遵循以下要点：

1）平板静载荷试验采用的压板面积应按需检验土层的厚度确定，浅层平板载荷试验承压板面积不应小于 $0.25m^2$，换填垫层和压实地基承压板面积不应小于 $1.0m^2$，强夯地基承压板面积不应小于 $2.0m^2$。深层平板载荷试验的承压板直径不应小于 0.8m。岩基载荷试验的承压板直径不应小于 0.3m。

2）试验基坑宽度不应小于承压板宽度或直径的 3 倍。应保持试验土层的原状结构和天然湿度。宜在拟试压表面用粗砂或中砂层找平，其厚度不超过 20mm。基准梁及加荷平台支点（或锚桩）宜设在试坑以外，且与承压板边的净距不应小于 2m。

3）平板载荷试验的分级荷载宜为最大试验荷载的 1/8～1/12，加载应分级进行，加荷分级不应少于 8 级，采用逐级等量加载，第一级荷载可取分级荷载的 2 倍；卸载也应分级进行，每级卸载量为分级荷载的 2 倍，逐级等量卸载；当加载等级为奇数时，第一级卸载量宜取分级荷载的 3 倍。加、卸载时应使荷载传递均匀、连续、无冲击，每级荷载在维持过程中的变化幅度不得超过分级荷载的 ±10%。

4）采用慢速维持荷载法进行试验时，每级荷载施加后应按第 10min、20min、30min、45min、60min 测读承压板的沉降量，以后应每隔半小时测读一次；当在连续 2h 内，每小时的沉降量小于 0.1mm 时，则认为已趋稳定，可加下一级荷载。卸载时，每级荷载维持 1h，应按第 10min、30min、60min 测读承压板沉降量；卸载至零后，应测读承压板残余沉降量，维持时间为 3h，测读时间应为第 10min、30min、60min、120min、180min。

5）当出现下列情况之一时，即可终止加载，当满足前三种情况之一时，其对应的前一级荷载定为极限荷载：

① 承压板周围的土明显地侧向挤出，周边土体出现明显隆起；

② 本级荷载的沉降量大于前级荷载沉降量的 5 倍，荷载与沉降曲线出现明显陡降；

③ 在某一级荷载下，24h 内沉降速率不能达到稳定标准；

④ 承压板的累计沉降量已大于其宽度或直径的 6%。

6）处理后的地基承载力特征值确定应符合下列规定：

① 当压力-沉降曲线上有比例界限时，取该比例界限所对应的荷载值；

② 当极限荷载小于对应比例界限的荷载值的 2 倍时，取极限荷载值的一半；

③ 当不能按上述两款要求确定时，可取 $s/b=0.01$ 所对应的荷载，但其值不应大于最大加载量的一半。承压板的宽度或直径大于 2m 时，按 2m 计算。

注：s 为静载荷试验承压板的沉降量；b 为承压板宽度。

7）各试验实测值的极差不超过其平均值的 30% 时，取该平均值作为处理地基的承载力特征值。当极差超过平均值的 30% 时，应分析极差过大的原因，需要时应增加试验数量并结合工程具体情况确定处理后地基的承载力特征值。

注：本内容参照《建筑地基处理技术规范》（JGJ 79—2012）附录 A 及《建筑地基检测技术规范》（JGJ 340—2015）4.3 的规定。

1.4 复合地基承载力检验

目《工程质量安全手册》第 3.1.4 条：

复合地基的承载力检验结果符合设计要求。

📖实施细则：

1.4.1 成桩质量检验

1. 质量目标

复合地基施工结束后，应对桩身的强度、桩体密实度、桩位、桩顶标高等进行检验。检验结果不小于设计值。

注：本内容参照《建筑地基工程施工质量验收标准》（GB 50202—2018）第 4.9.3、4.9.4、4.10.3、4.10.4、4.11.3、4.11.4、4.12.3、4.12.4、4.13.3、4.13.4、4.14.3、

4.14.4 的规定。

2. 质量保障措施

为保证复合地基整体的承载力复合设计要求，必须对成桩质量进行检验，质量检验符合下列要求：

（1）土和灰土挤密桩成桩后应及时抽检施工质量，抽检数量不应少于桩总数的 1%。成桩后应检查施工记录、检验全部处理深度内桩体和桩间土的干密度，并将其分别换算为平均压实系数和平均挤密系数。

注：本内容参照《建筑地基基础工程施工规范》（GB 51004—2015）第 4.11.7 条的规定。

（2）水泥粉煤灰碎石桩复合地基成桩过程应抽样做混合料试块，每台机械一天应做一组（3 块）试块（边长为 150mm 的立方体），标准养护，测定其立方体抗压强度；施工质量应检查施工记录、混合料坍落度、桩数、桩位偏差、褥垫层厚度、夯填度和桩体试块抗压强度等。

注：本内容参照《建筑地基基础工程施工规范》（GB 51004—2015）第 4.12.6 条的规定。

（3）砂石桩施工完成后应间隔一定时间方可进行质量检验，对饱和黏性土地基应待孔隙水压力消散后进行，间隔时间不宜少于 28d，对粉土、砂土和杂填土地基，不宜少于 7d；施工质量检验可采用单桩载荷试验，对桩体可采用动力触探试验检测，对桩间土可采用标准贯入、静力触探、动力触探或其他原位测试等方法进行检测，桩间土质量的检测位置应在等边三角形或正方形的中心，检测数量不应少于桩孔总数的 2%。

注：本内容参照《建筑地基基础工程施工规范》（GB 51004—2015）第 4.14.9 条的规定。

（4）水泥土搅拌桩复合地基成桩 3d 内，采用轻型动力触探（Nw）检查上部桩身的均匀性，检验数量为施工总桩数的 1%，且不少于 3 根；成桩 7d 后，采用浅部开挖桩头进行检查，开挖深度宜超过停浆（灰）面下 0.5m，检查搅拌的均匀性，量测成桩直径，检查数量不少于总桩数的 5%。对变形有严格要求的工程，应在成桩 28d 后，采用双管单动取样器钻取芯样作水泥土抗压强度检验，检验数量为施工总桩数的 0.5%，且不少于 6 点。

注：本内容参照《建筑地基处理技术规范》JGJ 79—2012 第 7.3.7 条的规定。

（5）旋喷桩复合地基可根据工程要求和当地经验采用开挖检查、钻孔取芯、标准贯入试验、动力触探和静载荷试验等方法进行检验；检验点布置在有代表性的桩位、施工中出现异常情况的部位或地基情况复杂，可能对旋喷桩质量产生影响的部位。成桩质量检验点的数量不少于施工孔数的 2%，并不应少于 6 点。

注：本内容参照《建筑地基处理技术规范》JGJ 79—2012 第 7.4.9 条的规定。

（6）柱锤冲扩桩复合地基施工结束后 7~14d，可采用重型动力触探或标准贯入试验对桩身及桩间土进行抽样检验，检验数量不应少于冲扩桩总数的 2%，每个单体工程桩身及桩间土总检验点数均不应少于 6 点。

注：本内容参照《建筑地基处理技术规范》JGJ 79—2012 第 7.8.7 条的规定。

1.4.2 单桩与复合地基的承载力检验

1. 质量目标

(1) 复合地基施工结束后,应对单桩与复合地基的承载力进行检验。

(2) 单桩与复合地基承载力为主控项目,检验结果不小于设计值。

检验方法:静载试验。

注:本内容参照《建筑地基工程施工质量验收标准》(GB 50202—2018)第4.9.3、4.9.4、4.10.3、4.10.4、4.11.3、4.11.4、4.12.3、4.12.4、4.13.3、4.13.4、4.14.3、4.14.4的规定。

2. 质量保障措施

(1) 不同复合地基的质量检验要求。

1) 土和灰土挤密桩的承载力检验应在成桩后14～28d后进行,检测数量不应少于总桩数的1%,且每项单体工程复合地基静载荷试验不应少于3点。

注:本内容参照《建筑地基基础工程施工规范》(GB 51004—2015)第4.11.7条的规定。

2) 水泥粉煤灰碎石桩复合地基的地基承载力检验宜在施工结束28d后进行,检验应采用单桩复合地基载荷试验或单桩载荷试验,单体工程试验数最应为总桩数的1%且不应少于3点,对桩体检测应抽取不少于总桩数的10%进行低应变动力试验,检测桩身完整性。

注:本内容参照《建筑地基基础工程施工规范》(GB 51004—2015)第4.12.6条的规定。

3) 砂石桩地基承载力检验应采用复合地基载荷试验,检测数量不应少于总桩数的0.5%,且每个单体建筑不应少于3点。

注:本内容参照《建筑地基基础工程施工规范》(GB 51004—2015)第4.14.9条的规定。

4) 水泥土搅拌桩复合地基静载荷试验宜在成桩28d后进行。水泥土搅拌桩复合地基承载力检验应采用复合地基静载荷试验和单桩静载荷试验,验收检验数量不少于总桩数的1%,复合地基静载荷试验数量不少于3台(多轴搅拌为3组)。

注:本内容参照《建筑地基处理技术规范》JGJ 79—2012第7.3.7条的规定。

5) 旋喷桩复合地基承载力检验宜在成桩28d后进行。竣工验收时,旋喷桩复合地基承载力检验应采用复合地基静载荷试验和单桩静载荷试验。检验数量不得少于总桩数的1%,且每个单体工程复合地基静载荷试验的数量不得少于3台。

注:本内容参照《建筑地基处理技术规范》JGJ 79—2012第7.4.9、7.4.10条的规定。

6) 柱锤冲扩桩复合地基静载荷试验应在成桩14d后进行;竣工验收时,柱锤冲扩桩复合地基承载力检验应采用复合地基静载荷试验;承载力检验数量不应少于总桩数的1%,且每个单体工程复合地基静载荷试验不应少于3点。

注:本内容参照《建筑地基处理技术规范》JGJ 79—2012第7.8.7条的规定。

7) 多桩型复合地基竣工验收时,应采用多桩复合地基静载荷试验和单桩静载荷试验,检验数量不得少于总桩数的 1%；多桩复合地基载荷板静载荷试验，对每个单体工程检验数量不得少于 3 点；增强体施工质量检验，对散体材料增强体的检验数量不应少于其总桩数的 2%，对具有粘结强度的增强体，完整性检验数量不应少于其总桩数的 10%。

注：本内容参照《建筑地基处理技术规范》JGJ 79—2012 第 7.9.11 条的规定。

（2）复合地基静载荷试验要点

1）复合地基静载荷试验用于测定承压板下应力主要影响范围内复合土层的承载力。承压板宜采用预制或现场制作，并应具有足够刚度。单桩复合地基载荷试验的承压板可用圆形或方形，面积为一根桩承担的处理面积；多桩复合地基载荷试验的承压板可用方形或矩形，其尺寸按实际桩数所承担的处理面积确定，试验时承压板中心应与增强体的中心（或形心）保持一致，并应与荷载作用点相重合。

2）试验应在桩顶设计标高进行。承压板底面以下宜铺设粗砂或中砂垫层，垫层厚度可取 100～150mm。如采用设计的垫层厚度进行试验，试验承压板的宽度对独立基础和条形基础应采用基础的设计宽度，对大型基础试验有困难时应考虑承压板尺寸和垫层厚度对试验结果的影响。垫层施工的夯填度应满足设计要求。

3）试验标高处的试坑宽度和长度不应小于承压板尺寸的 3 倍。基准梁及加荷平台支点宜设在试坑以外，且与承压板边的净距不应小于 2m。

4）试验前应采取措施，保持试坑或试井底岩土的原状结构和天然湿度不变。当试验标高低于地下水位时，应将地下水位降至试验标高以下，再安装试验设备，待水位恢复后方可进行试验。

5）正式试验前宜进行预压，预压荷载宜为最大试验荷载的 5%，预压时间为 5min。预压后卸载至零，测读位移测量仪表的初始读数并应重新调整零位。

加载应分级进行，采用逐级等量加载；分级荷载宜为最大加载量或预估极限承载力的 1/8～1/12，其中第一级可取分级荷载的 2 倍；卸载也应分级进行，每级卸载量应为分级荷载的 2 倍，逐级等量卸载；加、卸载时应使荷载传递均匀、连续、无冲击，每级荷载在维持过程中的变化幅度不得超过分级荷载的 ±10%。

6）加、卸载过程中，每加一级荷载前后均应各测读承压板沉降量一次，以后每 30min 测读一次；1h 内承压板沉降量不应超过 0.1mm 时，应再施加下一级荷载；卸载时，每级荷载维持 1h，应按第 30min、60min 测读承压板沉降量；卸载至零后，应测读承压板残余沉降量，维持时间为 3h，测读时间应为第 30min、60min、180min。

7）当出现下列情况之一时，可终止加载：

① 沉降急剧增大，土被挤出或承压板周围出现明显的隆起；

② 承压板的累计沉降量已大于其边长（直径）的 6% 或大于等于 150mm；

③ 加载至要求的最大试验荷载，且承压板沉降速率达到相对稳定标准。

8）复合地基承载力特征值的确定应符合下列规定：

① 当压力-沉降曲线上极限荷载能确定，而其值不小于对应比例界限的 2 倍时，可取比例界限；当其值小于对应比例界限的 2 倍时，可取极限荷载的一半；

② 当压力-沉降曲线是平缓的光滑曲线时，可按相对变形值确定，并应符合下列规定：

a. 对沉管砂石桩、振冲碎石桩和柱锤冲扩桩复合地基，可取 s/b 或 s/d 等于 0.01 所对应的压力；

b. 对灰土挤密桩、土挤密桩复合地基，可取 s/b 或 s/d 等于 0.008 所对应的压力；

c. 对水泥粉煤灰碎石桩或夯实水泥土桩复合地基，对以卵石、圆砾、密实粗中砂为主的地基，可取 s/b 或 s/d 等于 0.008 所对应的压力；对以黏性土、粉土为主的地基，可取 s/b 或 s/d 等于 0.01 所对应的压力；

d. 对水泥土搅拌桩或旋喷桩复合地基，可取 s/b 或 s/d 等于 0.006～0.008 所对应的压力，桩身强度大于 1.0MPa 且桩身质量均匀时可取高值；

e. 对有经验的地区，可按当地经验确定相对变形值，但原地基土为高压缩性土层时，相对变形值的最大值不应大于 0.015；

f. 复合地基荷载试验，当采用边长或直径大于 2m 的承压板进行试验时，b 或 d 按 2m 计；

g. 按相对变形值确定的承载力特征值不应大于最大加载压力的一半。

注：s 为静载荷试验承压板的沉降量；b 和 d 分别为承压板宽度和直径。

9）试验点的数量不应少于 3 点，当满足其极差不超过平均值的 30% 时，可取其平均值为复合地基承载力特征值。当极差超过平均值的 30% 时，应分析离差过大的原因，需要时应增加试验数量，并结合工程具体情况确定复合地基承载力特征值。工程验收时应视建筑物结构、基础形式综合评价，对于桩数少于 5 根的独立基础或桩数少于 3 排的条形基础，复合地基承载力特征值应取最低值。

注：本内容参照《建筑地基处理技术规范》JGJ 79—2012 附录 B 的规定。

（3）复合地基增强体单桩静载荷试验要点

1）竖向增强体载荷试验的加载方式应采用慢速维持荷载法。

2）试验提供的反力装置可采用锚桩法或堆载法。当采用堆载法加载时应符合下列规定：

① 堆载支点施加于地基的压应力不宜超过地基承载力特征值；

② 堆载的支墩位置以不对试桩和基准桩的测试产生较大影响确定，无法避开时应采取有效措施；

③ 堆载量大时，可利用工程桩作为堆载支点；

④ 试验反力装置的承重能力应满足试验加载要求。

3）试验前应对增强体的桩头进行处理。水泥粉煤灰碎石桩、混凝土桩等强度较高的桩宜在桩顶设置带水平钢筋网片的混凝土桩帽或采用钢护筒桩帽，加固桩头前应凿成平面，混凝土宜提高强度等级和采用早强剂。桩帽高度不宜小于一倍桩的直径，桩帽下桩顶标高及地基土标高应与设计标高一致。加固桩头前应凿成平面。百分表架设位置宜在桩顶标高位置。

4）试验加卸载方式应符合下列规定：

① 加载应分级进行，采用逐级等量加载；分级荷载宜为最大加载量或预估极限承载力的 1/10，其中第一级可取分级荷载的 2 倍；

② 卸载应分级进行，每级卸载量取加载时分级荷载的 2 倍，逐级等量卸载；

③ 加、卸载时应使荷载传递均匀、连续、无冲击，每级荷载在维持过程中的变化幅度不得超过分级荷载的 ±10%。

5）竖向增强体载荷试验的慢速维持荷载法的试验步骤应符合下列规定：

① 每级荷载施加后应按第 5min、15min、30min、45min、60min 测读桩顶的沉降量，

以后应每隔半小时测读一次；

② 桩顶沉降相对稳定标准：每 1h 内桩顶沉降量不超过 0.1mm，并应连续出现两次，从分级荷载施加后的第 30min 开始，按 1.5h 连续三次每 30min 的沉降观测值计算；

③ 当桩顶沉降速率达到相对稳定标准时，应再施加下一级荷载；

④ 卸载时，每级荷载维持 1h，应按第 15min、30min、60min 测读桩顶沉降量；卸载至零后，应测读桩顶残余沉降量，维持时间为 3h，测读时间应为第 15min、30min、60min、120min、180min。

6）符合下列条件之一时，可终止加载：

① 当荷载-沉降（Q-s）曲线上有可判定极限承载力的陡降段，且桩顶总沉降量超过 40～50mm；水泥土桩、竖向增强体的桩径大于等于 800mm 取高值，混凝土桩、竖向增强体的桩径小于 800mm 取低值；

② 某级荷载作用下，桩顶沉降量大于前一级荷载作用下沉降量的 2 倍，且经 24h 沉降尚未稳定；

③ 增强体破坏，顶部变形急剧增大；

④ Q-s 曲线呈缓变形时，桩顶总沉降量大于 70～90mm；当桩长超过 25m，可加载至桩顶总沉降量超过 90mm；

⑤ 加载至要求的最大试验荷载，且承压板沉降速率达到相对稳定标准。

7）竖向增强体极限承载力应按下列方法确定：

① Q-s 曲线陡降段明显时，取相应于陡降段起点的荷载值；

② 当某级荷载作用下，桩顶沉降量大于前一级荷载作用下沉降量的 2 倍，且经 24h 沉降尚未稳定时；取前一级荷载值；

③ Q-s 曲线呈缓变形时，水泥土桩、桩径大于等于 800mm 时取桩顶总沉降量 s 为 40～50mm 所对应的荷载值；混凝土桩、桩径小于 800mm 时取桩顶总沉降量 s 等于 40mm 所对应的荷载值；

④ 当判定竖向增强体的承载力未达到极限时，取最大试验荷载值；

⑤ 按本条 1～4 款标准判断有困难时，可结合其他辅助分析方法综合判定；

⑥ 参加统计的试桩，当满足其极差不超过平均值的 30% 时，设计可取其平均值为单桩极限承载力；极差超过平均值的 30% 时，应分析离差过大的原因，结合工程具体情况确定单桩极限承载力；需要时应增加试桩数量。工程验收时应视建筑物结构、基础形式综合评价，对于桩数少于 5 根的独立基础或桩数少于 3 排的条形基础，应取最低值。

注：本内容参照《建筑地基处理技术规范》JGJ 79—2012 附录 C 及《建筑地基检测技术规范》（JGJ 340—2015）第 6 章的规定。

1.5　桩基础承载力检验

📋 **《工程质量安全手册》第 3.1.5 条：**

桩基础承载力检验结果符合设计要求。

📖实施细则：

1.5.1 桩身质量检验

1. 质量目标

(1) 施工结束后，混凝土灌注桩、预制桩应对桩身完整性进行检验。混凝土灌注桩还应对混凝土强度进行检验。

(2) 桩身完整性为主控项目。检验方法采用低应变法等。

(3) 混凝土强度为主控项目，检验结果不小于设计值，采用28d试块强度或钻芯法进行检验。

注：本内容参照《建筑地基工程施工质量验收标准》（GB 50202—2018）第5.5.3、5.5.4、5.6.3、5.6.4、5.7.3、5.7.4、5.8.3、5.8.4、5.9.3、5.9.4的规定。

2. 质量保障措施

(1) 试验要求

桩身质量除对预留混凝土试件进行强度等级检验外，尚应进行现场检测。检测方法可采用可靠的动测法，对于大直径桩还可采取钻芯法、声波透射法。

注：本内容参照《建筑桩基技术规范》JGJ 94—2008第9.4.5的规定。

(2) 低应变法试验要点

1) 受检桩应符合下列规定：

① 受检桩混凝土强度不应低于设计强度的70%，且不应低于15MPa；

② 桩头的材质、强度应与桩身相同，桩头的截面尺寸不宜与桩身有明显差异；

③ 桩顶面应平整、密实，并与桩轴线垂直。

2) 测试参数设定，应符合下列规定：

① 时域信号记录的时间段长度应在 $2L/c$ 时刻后延续不少于5ms；幅频信号分析的频率范围上限不应小于2000Hz；

② 设定桩长应为桩顶测点至桩底的施工桩长，设定桩身截面积应为施工截面积；

③ 桩身波速可根据本地区同类型桩的测试值初步设定；

④ 采样时间间隔或采样频率应根据桩长、桩身波速和频域分辨率合理选择；时域信号采样点数不宜少于1024点；

⑤ 传感器的设定值应按计量检定或校准结果设定。

3) 测量传感器安装和激振操作，应符合下列规定：

① 安装传感器部位的混凝土应平整；传感器安装应与桩顶面垂直；用耦合剂粘结时，应具有足够的粘结强度；

② 激振点与测量传感器安装位置应避开钢筋笼的主筋影响；

③ 激振方向应沿桩轴线方向；

④ 瞬态激振应通过现场敲击试验，选择合适重量的激振力锤和软硬适宜的锤垫；宜用宽脉冲获取桩底或桩身下部缺陷反射信号，宜用窄脉冲获取桩身上部缺陷反射信号；

⑤ 稳态激振应在每一个设定频率下获得稳定响应信号，并应根据桩径、桩长及桩周土约束情况调整激振力大小。

4）信号采集和筛选，应符合下列规定：

① 根据桩径大小，桩心对称布置 2～4 个安装传感器的检测点；实心桩的激振点应选择在桩中心，检测点宜在距桩中心 2/3 半径处；空心桩的激振点和检测点宜为桩壁厚的 1/2 处，激振点和检测点与桩中心连线形成的夹角宜为 90°；

② 当桩径较大或桩上部横截面尺寸不规则时，除应按上款在规定的激振点和检测点位置采集信号外，尚应根据实测信号特征，改变激振点和检测点的位置采集信号；

③ 不同检测点及多次实测时域信号一致性较差时，应分析原因，增加检测点数量；

④ 信号不应失真和产生零漂，信号幅值不应大于测量系统的量程；

⑤ 每个检测点记录的有效信号数不宜少于 3 个；

⑥ 应根据实测信号反映的桩身完整性情况，确定采取变换激振点位置和增加检测点数量的方式再次测试，或结束测试。

注：本内容参照《建筑基桩检测技术规范》（JGJ 106—2014）第 8.3.1-8.3.4 的规定。

（3）钻心法试验要点

1）每根受检桩的钻芯孔数和钻孔位置，应符合下列规定：

① 桩径小于 1.2m 的桩的钻孔数量可为 1～2 个孔，桩径为 1.2～1.6m 的桩的钻孔数量宜为 2 个孔，桩径大于 1.6m 的桩的钻孔数量宜为 3 个孔；

② 当钻芯孔为 1 个时，宜在距桩中心 10～15cm 的位置开孔；当钻芯孔为 2 个或 2 个以上时，开孔位置宜在距桩中心 0.15～0.25d 范围内均匀对称布置；

③ 对桩端持力层的钻探，每根受检桩不应少于 1 个孔。

注：本内容参照《建筑基桩检测技术规范》（JGJ 106—2014）第 7.1.2 的规定。

2）现场检测。

① 钻机设备安装必须周正、稳固、底座水平。钻机在钻芯过程中不得发生倾斜、移位，钻芯孔垂直度偏差不得大于 0.5%。

② 每回次钻孔进尺宜控制在 1.5m 内；钻至桩底时，宜采取减压、慢速钻进、干钻等适宜的方法和工艺，钻取沉渣并测定沉渣厚度；对桩底强风化岩层或土层，可采用标准贯入试验、动力触探等方法对桩端持力层的岩土性状进行鉴别。

③ 钻取的芯样应按回次顺序放进芯样箱中；钻机操作人员应记录钻进情况和钻进异常情况，对芯样质量进行初步描述；检测人员应对芯样混凝土，桩底沉渣以及桩端持力层详细编录。

④ 钻芯结束后，应对芯样和钻探标示牌的全貌进行拍照。

⑤ 当单桩质量评价满足设计要求时，应从钻芯孔孔底往上用水泥浆回灌封闭；当单桩质量评价不满足设计要求时，应封存钻芯孔，留待处理。

注：本内容参照《建筑基桩检测技术规范》（JGJ 106—2014）第 7.3.1-7.3.5 的规定。

3）芯样试件截取与加工。

① 截取混凝土抗压芯样试件应符合下列规定：

a. 当桩长小于 10m 时，每孔应截取 2 组芯样；当桩长为 10～30m 时，每孔应截取 3 组芯样，当桩长大于 30m 时，每孔应截取芯样不少于 4 组；

b. 上部芯样位置距桩顶设计标高不宜大于 1 倍桩径或超过 2m，下部芯样位置距桩底不宜大于 1 倍桩径或超过 2m，中间芯样宜等间距截取；

c. 缺陷位置能取样时，应截取 1 组芯样进行混凝土抗压试验；

d. 同一基桩的钻芯孔数大于 1 个，且某一孔在某深度存在缺陷时，应在其他孔的该深度处，截取 1 组芯样进行混凝土抗压强度试验。

② 当桩端持力层为中、微风化岩层且岩芯可制作成试件时，应在接近桩底部位 1m 内截取岩石芯样；遇分层岩性时，宜在各分层岩面取样。

③ 每组混凝土芯样应制作 3 个抗压试件。

注：本内容参照《建筑基桩检测技术规范》（JGJ 106—2014）第 7.1.1-7.4.3 的规定。

4）在混凝土芯样试件抗压强度试验中，当发现试件内混凝土粗骨料最大粒径大于 0.5 倍芯样试件平均直径，且强度值异常时，该试件的强度值不得参与统计平均。

注：本内容参照《建筑基桩检测技术规范》（JGJ 106—2014）第 7.5.2 的规定。

5）每根受检桩混凝土芯样试件抗压强度的确定应符合下列规定：

① 取一组 3 块试件强度值的平均值，作为该组混凝土芯样试件抗压强度检测值；

② 同一受检桩同一深度部位有两组或两组以上混凝土芯样试件抗压强度检测值时，取其平均值作为该桩该深度处混凝土芯样试件抗压强度检测值；

③ 取同一受检桩不同深度位置的混凝土芯样试件抗压强度检测值中的最小值，作为该桩混凝土芯样试件抗压强度检测值。

注：本内容参照《建筑基桩检测技术规范》（JGJ 106—2014）第 7.6.1 的规定。

1.5.2 桩基础承载力检验

1. 质量目标

（1）施工结束后，应对承载力进行检验。

（2）承载力为主控项目，检验结果不小于设计值。

检验方法：静载试验、高应变法等。

注：本内容参照《建筑地基工程施工质量验收标准》（GB 50202—2018）第 5.5.3、5.5.4、5.6.3、5.6.4、5.7.3、5.7.4、5.8.3、5.8.4、5.9.3、5.9.4、5.10.3、5.10.4 的规定。

2. 质量保障措施

（1）单桩竖向抗压静载试验要点

1）试验桩的桩型尺寸、成桩工艺和质量控制标准应与工程桩一致。

2）试验桩桩顶宜高出试坑底面，试坑底面宜与桩承台底标高一致。

3）试验加、卸载方式应符合下列规定：

① 加载应分级进行，且采用逐级等量加载；分级荷载宜为最大加载值或预估极限承载力的 1/10，其中，第一级加载量可取分级荷载的 2 倍；

② 卸载应分级进行，每级卸载量宜取加载时分级荷载的 2 倍，且应逐级等量卸载；

③ 加、卸载时，应使荷载传递均匀、连续、无冲击，且每级荷载在维持过程中的变化幅度不得超过分级荷载的 ±10%。

4）为设计提供依据的单桩竖向抗压静载试验应采用慢速维持荷载法。

5）慢速维持荷载法试验应符合下列规定：

① 每级荷载施加后，应分别按第 5min、15min、30min、45min、60min 测读桩顶沉降量，以后每隔 30min 测读一次桩顶沉降量；

② 试桩沉降相对稳定标准：每一小时内的桩顶沉降量不得超过 0.1mm，并连续出现两次（从分级荷载施加后的第 30min 开始，按 1.5h 连续三次每 30min 的沉降观测值计算）；

③ 当桩顶沉降速率达到相对稳定标准时，可施加下一级荷载；

④ 卸载时，每级荷载应维持 1h，分别按第 15min、30min、60min 测读桩顶沉降量后，即可卸下一级荷载；卸载至零后，应测读桩顶残余沉降量，维持时间不得少于 3h，测读时间分别为第 15min、30min，以后每隔 30min 测读一次桩顶残余沉降量。

6）工程桩验收检测宜采用慢速维持荷载法。当有成熟的地区经验时，也可采用快速维持荷载法。

快速维持荷载法的每级荷载维持时间不应少于 1h，且当本级荷载作用下的桩顶沉降速率收敛时，可施加下一级荷载。

7）当出现下列情况之一时，可终止加载：

① 某级荷载作用下，桩顶沉降量大于前一级荷载作用下的沉降量的 5 倍，且桩顶总沉降量超过 40mm；

② 某级荷载作用下，桩顶沉降量大于前一级荷载作用下的沉降量的 2 倍，且经 24h 尚未达到每一小时内的桩顶沉降量不得超过 0.1mm，并连续出现两次；

③ 已达到设计要求的最大加载值且桩顶沉降达到相对稳定标准；

④ 工程桩作锚桩时，锚桩上拔量已达到允许值；

⑤ 荷载-沉降曲线呈缓变形时，可加载至桩顶总沉降量 60～80mm；当桩端阻力尚未充分发挥时，可加载至桩顶累计沉降量超过 80mm。

注：本内容参照《建筑基桩检测技术规范》(JGJ 106—2014) 第 4.3.1-4.3.7 的规定。

（2）单桩竖向抗拔静载试验要点

1）对混凝土灌注桩、有接头的预制桩，宜在拔桩试验前采用低应变法检测受检桩的桩身完整性。为设计提供依据的抗拔灌注桩，施工时应进行成孔质量检测，桩身中、下部位出现明显扩径的桩，不宜作为抗拔试验桩；对有接头的预制桩，应复核接头强度。

2）单桩竖向抗拔静载试验应采用慢速维持荷载法。设计有要求时，可采用多循环加、卸载方法或恒载法。慢速维持荷载法的加、卸载分级以及桩顶上拔量的测读方式，应分别符合单桩竖向抗压静载试验慢速维持荷载法加、卸载的规定。

3）当出现下列情况之一时，可终止加载：

① 在某级荷载作用下，桩顶上拔量大于前一级上拔荷载作用下的上拔量 5 倍；

② 按桩顶上拔量控制，累计桩顶上拔量超过 100mm；

③ 按钢筋抗拉强度控制，钢筋应力达到钢筋强度设计值，或某根钢筋拉断；

④ 对于工程桩验收检测，达到设计或抗裂要求的最大上拔量或上拔荷载值。

注：本内容参照《建筑基桩检测技术规范》(JGJ 106—2014) 第 5.3.1-5.3.3 的规定。

（3）单桩水平静载试验要点

1）加载方法宜根据工程桩实际受力特性，选用单向多循环加载法或慢速维持荷载法。当对试桩桩身横截面弯曲应变进行测量时，宜采用维持荷载法。

2）试验加、卸载方式和水平位移测量，应符合下列规定：

① 单向多循环加载法的分级荷载，不应大于预估水平极限承载力或最大试验荷载的 1/10；每级荷载施加后，恒载 4min 后，可测读水平位移，然后卸载至零，停 2min 测读残余水平位移，至此完成一个加卸载循环；如此循环 5 次，完成一级荷载的位移观测；试验不得中间停顿；

② 慢速维持荷载法的加、卸载分级以及水平位移的测读方式，应分别符合单桩竖向抗压静载试验慢速维持荷载法加、卸载的规定。

3）当出现下列情况之一时，可终止加载：

① 桩身折断；

② 水平位移超过 30～40mm；软土中的桩或大直径桩时可取高值；

③ 水平位移达到设计要求的水平位移允许值。

注：本内容参照《建筑基桩检测技术规范》(JGJ 106—2014) 第 6.3.1-6.3.3 的规定。

1.6 地基处理

📋 《工程质量安全手册》第 3.1.6 条：

对于不满足设计要求的地基，应有经设计单位确认的地基处理方案，并有处理记录。

📖 实施细则：

1.6.1 素土、灰土地基

1. 质量目标

（1）灰土土料、石灰或水泥（当水泥替代灰土中的石灰时）等材料及配合比应符合设计要求，灰土应搅拌均匀。

（2）施工过程中应检查分层铺设的厚度、分段施工时上下两层的搭接长度、夯实时加水量、夯压遍数、压实系数。

（3）施工结束后，应检验灰土地基的承载力。

（4）灰土地基的质量验收标准应符合表 1-3 的规定。

素土、灰土地基质量检验标准   表 1-3

项	序	检查项目	允许值或允许偏差		检查方法
			单位	数值	
主控项目	1	地基承载力	不小于设计值		静载试验
	2	配合比	设计值		检查拌和时的体积比
	3	压实系数	不小于设计值		环刀法

项	序	检查项目	允许值或允许偏差		检查方法
			单位	数值	
一般项目	1	石灰粒径	mm	≤5	筛析法
	2	土料有机质含量	%	≤5	灼烧减量法
	3	土颗粒粒径	mm	≤15	筛析法
	4	含水量	最优含水量±2%		烘干法
	5	分层厚度	mm	±50	水准测量

注：本内容参照《建筑地基工程施工质量验收标准》（GB 50202—2018）第 4.2.1-4.2.4 的规定。

2. 质量保障措施

（1）素土、灰土地基土料应符合下列规定：

1）素土地基土料可采用黏土或粉质黏土，有机质含量不应大于 5%，并应过筛，不应含有冻土或膨胀土，严禁采用地表耕植土、淤泥及淤泥质土、杂填土等土料；

2）灰土地基的土料可采用黏土或粉质黏土，有机质含量不应大于 5%，并应过筛，其颗粒不得大于 15mm，石灰宜采用新鲜的消石灰，其颗粒不得大于 5mm，且不应含有未熟化的生石灰块粒，灰土的体积配合比宜为 2∶8 或 3∶7，灰土应搅拌均匀。

（2）素土、灰土地基土料的施工含水量宜控制在最优含水±2% 的范围内，最优含水量可通过击实试验确定，也可按当地经验取用。

（3）素土、灰土地基的施工方法，分层铺填厚度，每层压实遍数等宜通过试验确定，分层铺填厚度宜取 200～300mm，应随铺填随夯压密实。基底为软弱土层时，地基底部宜加强。

（4）素土、灰上换填地基宜分段施工，分段的接缝不应在柱基、墙角及承重墙间墙下位置，上下相邻两层的接缝距离不应小于 500mm，接缝处宜增加压实遍数。

（5）基底存在洞穴、暗浜（塘）等软硬不均的部位时，应按设计要求进行局部处理。

（6）素土、灰土地基的施工检验应符合下列规定：

1）应每层进行检验，在每层压实系数符合设计要求后方可铺填上层土。

2）可采用环刀法、贯入仪、静力触探、轻型动力触探或标准贯入试验等方法，其检测标准应符合设计要求。

3）采用环刀法检验施工质量时，取样点应位于每层厚度的 2/3 深度处。筏形与箱形基础的地基检验点数量每 50～100m² 不应少于 1 个点；条形基础的某地检验点数量每 10～20m 不少于 1 个点；每个独立基础不应少于 1 个点。

4）采用贯入仪或轻型动力触探检验施工质量时，每分层检测点的间距应小于 4m。

注：本内容参照《建筑地基基础工程施工规范》（GB 51004—2015）第 4.2.1-4.2.6 条的规定。

1.6.2 砂和砂石地基

1. 质量目标

（1）砂、石等原材料质量、配合比应符合设计要求，砂、石应搅拌均匀。

（2）施工过程中必须检查分层厚度、分段施工时搭接部分的压实情况、加水量、压实遍数、压实系数。

（3）施工结束后，应检验砂石地基的承载力。

（4）砂和砂石地基的质量验收标准应符合表 1-4 的规定。

砂和砂石地基质量检验标准 表 1-4

项	序	检查项目	允许值或允许偏差		检查方法
			单位	数值	
主控项目	1	地基承载力	不小于设计值		静载试验
	2	配合比	设计值		检查拌和时的体积比或重量比
	3	压实系数	不小于设计值		灌砂法、灌水法
一般项目	1	砂石料有机质含量	%	≤5	灼烧减量法
	2	砂石料含泥量	%	≤5	水洗法
	3	砂石料粒径	mm	≤50	筛析法
	4	分层厚度	mm	±50	水准测量

注：本内容参照《建筑地基工程施工质量验收标准》（GB 50202—2018）第 4.3.1-4.3.4 的规定。

2. 质量保障措施

（1）砂和砂石地基的材料应符合下列规定：

1）宜采用颗粒级配良好的砂石，砂石的最大粒径不宜大于 50mm，含泥量不应大于 5%；

2）采用细砂时应掺入碎石或卵石，掺量应符合设计要求；

3）砂石材料应去除草根、垃圾等有机物，有机物含量不应大于 5%。

（2）砂和砂石地基的施工应符合下列规定：

1）施工前应通过现场试验性施工确定分层厚度、施工方法、振捣遍数、振捣器功率等技术参数；

2）分段施工时应采用斜坡搭接，每层搭接位置应错开 0.5~1.0m，搭接处应振压密实；

3）基底存在软弱土层时应在与土面接触处先铺一层 150~300mm 厚的细砂层或铺一层土工织物；

4）分层施工时，下层经压实系数检验合格后方可进行上一层施工。

（3）砂石地基的施工质量宜采用环刀法、贯入法、载荷法、现场直接剪切试验等方法检测。

注：本内容参照《建筑地基基础工程施工规范》（GB 51004—2015）第 4.3.1-4.3.3 条的规定。

1.6.3 粉煤灰地基

1. 质量目标

（1）施工前应检查粉煤灰材料，并对基槽清底状况、地质条件予以检验。

（2）施工过程中应检查铺筑厚度、碾压遍数、施工含水量控制、搭接区碾压程度、压实系数等。

（3）施工结束后，应检验地基的承载力。

（4）粉煤灰地基质量检验标准应符合表1-5的规定。

粉煤灰地基质量检验标准 表1-5

项目	序	检查项目	允许值或允许偏差		检查方法
			单位	数值	
主控项目	1	地基承载力	不小于设计值		静载试验
	2	压实系数	不小于设计值		环刀法
一般项目	1	粉煤灰粒径	mm	0.001～2.000	筛析法、密度计法
	2	氧化铝及二氧化硅含量	%	≥70	试验室试验
	3	烧失量	%	≤12	灼烧减量法
	4	分层厚度	mm	±50	水准测量
	5	含水量	最优含水量±4%		烘干法

注：本内容参照《建筑地基工程施工质量验收标准》（GB 50202—2018）第4.5.1-4.5.4的规定。

2. 质量保障措施

（1）粉煤灰填筑材料应选用Ⅲ级以上粉煤灰，颗粒粒径宜为0.001～2.0mm，严禁混入生活垃圾及其他有机杂质，并应符合建筑材料有关放射性安全标准的要求。

（2）粉煤灰地基施工应符合下列规定：

1）施工时应分层摊铺，逐层夯实，铺设厚度宜为200～300mm，用压路机时铺设厚度宜为300～400mm，四周宜设置具有防冲刷功能的隔离措施；

2）施工含水量宜控制在最优含水量±4%的范围内，底层粉煤灰宜选用较粗的灰，含水量宜稍低于最优含水量；

3）小面积基坑、基槽的垫层可用人工分层摊铺，用平板振动器或蛙式打夯机进行振（夯）实，每次振（夯）板应重叠1/2板～1/3板，往复压实，由两侧或四侧向中间进行，夯实不少于3遍，大面积垫层应采用推土机摊铺，先用推土机预压2遍，然后用压路机碾压，施工时压轮重叠1/2～1/3轮宽，往复碾压4～6遍；

4）粉煤灰宜当天即铺即压完成，施工最低气温不宜低0℃；

5）每层铺完检测合格后，应及时铺筑上层，并严禁车辆在其上行驶，铺筑完成应及时浇筑混凝土垫层或上覆300～500mm土进行封层。

（3）粉煤灰地基不得采用水沉法施工，在地下水位以下施工时，应采取降排水措施，不得在饱和或浸水状态下施工。基底为软土时，宜先铺填200mm左右厚的粗砂或高炉干渣。

（4）粉煤灰地基施工过程中应检验铺筑厚度、碾压遍数、施工含水量、搭接区碾压程度、压实系数等。

注：本内容参照《建筑地基基础工程施工规范》（GB 51004—2015）第4.4.1-4.4.4条的规定。

1.6.4 强夯地基

1. 质量目标

(1) 施工前应检查夯锤重量、尺寸，落距控制手段，排水设施及强夯地基的土质。

(2) 施工中应检查落距、夯击遍数、夯点为止、夯击范围。

(3) 施工结束后，检查强夯地基的强度并进行承载力检验。

(4) 强夯地基质量检验标准应符合表1-6的规定。

强夯地基质量检验标准   表1-6

项目	序	检查项目	允许值或允许偏差		检查方法
			单位	数值	
主控项目	1	地基承载力	不小于设计值		静载试验
	2	处理后地基土的强度	不小于设计值		原位测试
	3	变形指标	设计值		原位测试
一般项目	1	夯锤落距	mm	±300	钢索设标志
	2	夯锤质量	kg	±100	称重
	3	夯击遍数	不小于设计值		计数法
	4	夯击顺序	设计要求		检查施工记录
	5	夯击击数	不小于设计值		计数法
	6	夯点位置	mm	±500	用钢尺量
	7	夯击范围(超出基础范围距离)	设计要求		用钢尺量
	8	前后两遍间歇时间	设计值		检查施工记录
	9	最后两击平均夯沉量	设计值		水准测量
	10	场地平整度	mm	±100	水准测量

注：本内容参照《建筑地基工程施工质量验收标准》(GB 50202—2018)第4.6.1-4.6.4的规定。

2. 质量保障措施

(1) 施工前应在现场选取有代表性的场地进行试夯。试夯区在不同工程地质单元不应少于1处，试夯区不应小于20m×20m。

(2) 周边存在对振动敏感或有特殊要求的建(构)筑物和地下管线时，不宜采用强夯法。

(3) 强夯施工主要机具设备的选择应符合下列规定：

1) 起重机：根据设计要求的强夯能级，选用带有自动脱钩装置、与夯锤质量和落距相匹配的履带式起重机或其他专用设备，高能级强夯时应采取防机架倾覆措施；

2) 夯锤：夯锤底面宜为圆形，锤底宜均匀设置4~6个孔径250~500mm的排气孔，强夯置换夯锤宜在周边设置排气孔，强夯锤锤底静接地压力宜为20~80kPa，强夯置换锤锤底静接地压力宜为100~300kPa；

3) 自动脱钩装置：应具有足够的强度和耐久性，且施工灵活、易于操作。

(4) 强夯施工应符合下列规定：

1) 夯击前应将各夯点位置及夯位轮廓线标出，夯击前后应测量地面高程，计算每点逐击夯沉量；

2）每遍夯击后应及时将夯坑填平或推平，并测量场地高程，计算本遍场地夯沉量；

3）完成全部夯击遍数后，应按夯印搭接 1/5～1/3 锤径的夯击原则，用低能级满夯将场地表层松土夯实并碾压，测量强夯后场地高程；

4）强夯应分区进行，宜先边区后中部，或由临近建（构）筑物一侧向远离侧方向进行。

（5）强夯置换施工应符合下列规定：

1）强夯置换墩材料宜采用级配良好的块石、碎石、矿渣等质地坚硬、性能稳定的粗颗粒材料，粒径大于 300mm 的颗粒含量不宜大于全重的 30%；

2）夯点施打原则宜为由内而外、隔行跳打；

3）每遍夯击后测量场地高程，计算本遍场地抬升量，抬升量超设计标高部分宜及时推除。

（6）软土地区及地下水位埋深较浅地区，采用降水联合低能级强夯施工时应符合下列规定：

1）强夯施工前应先设置降排水系统，降水系统宜采用真空井点系统，在加固区以外 3～4m 处宜设置外围封闭井点；

2）夯击区降水设备的拆除应待地下水位降至设计水位并稳定不少于 2d 后进行；

3）低能级强夯应采用少击多遍、先轻后重的原则；

4）每遍强夯间隔时间宜根据超孔隙水压力消散不低于 80% 确定；

5）地下水位埋深较浅地区施工场地宜设纵横向排水沟网，沟网最大间距不宜大于 15m。

（7）雨季施工时夯坑内或场地积水应及时排除。

（8）冬期施工应采取下列措施：

1）应先将冻土清除后再进行强夯施工；

2）最低气温高于 −15℃、冻深在 800mm 以内时可进行点夯施工，且点夯的能级与击数应适当增加，满夯应在解冻后进行，满夯能级应适当增加；

3）强夯施工完成的地基在冬期来临前，应设覆盖层保护。

（9）对强夯置换应检查置换墩底部深度，对降水联合低能级强夯应动态监测地下水位变化。强夯施工质量允许偏差应符合表 1-7 的规定。

施工过程质量控制标准

表 1-7

项　目	允许偏差或允许值	检测方法
夯锤落距	±300mm	用钢尺量，钢索设标志
夯锤定位	±150mm	用钢尺量
锤重	±100kg	称重
夯击遍数及顺序	设计要求	计数法
夯点定位	±300mm	用钢尺量
满夯后场地平整度	±100mm	水准仪
夯击范围（超出基础宽度）	设计要求	用钢尺量
间歇时间	设计要求	—
夯击击数	设计要求	计数法
最后两击平均夯沉量	设计要求	水准仪

（10）强夯施工结束后，质量检测的间隔时间：砂土地基不宜少于7d，粉性土地基不宜少于14d，黏性土地基不宜少于28d，强夯置换和降水联合低能级强夯地基质量检测的间隔时间不宜少于28d。

注：本内容参照《建筑地基基础工程施工规范》（GB 51004—2015）第4.5.1-4.5.10条的规定。

1.6.5 注浆地基

1. 质量目标

（1）施工前应掌握有关技术文件（注浆点位置、浆液配比、注浆施工技术参数、检测要求等）。浆液组成材料的性能符合设计要求，注浆设备应确保正常运转。

（2）施工中应经常抽查浆液的配比及主要性能指标，注浆的顺序、注浆过程中的压力控制等。

（3）施工结束后，应检查注浆体强度、承载力等。检查孔数为总量的2%～5%，不合格率大于或等于20%时应进行二次注浆。检验应在注浆后15d（砂土、黄土）或60d（黏性土）进行。

（4）注浆地基的质量检验标准应符合表1-8的规定。

注浆地基质量检验标准 表1-8

项目	序	检查项目		允许值或允许偏差		检查方法
				单位	数值	
主控项目	1	地基承载力		不小于设计值		静载试验
	2	处理后地基土的强度		不小于设计值		原位测试
	3	变形指标		设计值		原位测试
一般项目	1	原材料检验	注浆用砂 粒径	mm	<2.5	筛析法
			注浆用砂 细度模数	<2.0		筛析法
			注浆用砂 含泥量	%	<3	水洗法
			注浆用砂 有机质含量	%	<3	灼烧减量法
			注浆用黏土 塑性指数	>14		界限含水率试验
			注浆用黏土 黏粒含量	%	>25	密度计法
			注浆用黏土 含砂率	%	<5	洗砂瓶
			注浆用黏土 有机质含量	%	<3	灼烧减量法
			粉煤灰 细度模数	不粗于同时使用的水泥		筛析法
			粉煤灰 烧失量	%	<3	灼烧减量法
			水玻璃：模数	3.0～3.3		试验室试验
			其他化学浆液	设计值		查产品合格证书或抽样送检
	2	注浆材料称量		%	±3	称重
	3	注浆孔位		mm	±50	用钢尺量
	4	注浆孔深		mm	±100	量测注浆管长度
	5	注浆压力		%	±10	检查压力表读数

注：本内容参照《建筑地基工程施工质量验收标准》（GB 50202—2018）第 4.7.1-4.7.4 条的规定。

2. 质量保障措施

（1）注浆施工前应进行室内浆液配比试验和现场注浆试验。

（2）注浆施工应记录注浆压力和浆液流量，并应采用自动压力流量记录仪。

（3）注浆顺序应按跳孔间隔注浆方式进行，并宜采用先外围后内部的注浆施工方法。

（4）注浆孔的孔径宜为 70～110mm，孔位偏差应大于 50mm，钻孔垂直度偏差应小于 1/100。注浆孔的钻杆角度与设计角度之间的倾角偏差不应大于 2°。

（5）浆液宜采用普通硅酸盐水泥，注浆水灰比宜取 0.5～0.6。浆液应搅拌均匀，注浆过程中应连续搅拌，搅拌时间应小于浆液初凝时间。浆液在压注前应经筛网过滤。

（6）注浆管上拔时宜使用拔管机。塑料阀管注浆时，注浆芯管每次上拔高度应为 330mm。花管注浆时，花管每次上拔或下钻高度宜为 300～500mm。采用低坍落度的砂浆压密注浆时，每次上拔高度宜为 400～600mm。

（7）注浆压力的选用应根据土层的性质及其埋深确定。劈裂注浆时，砂土中宜取 0.2～0.5MPa，黏性土宜取 0.2～0.3MPa。采用水泥-水玻璃双液快凝浆液的注浆时压力应小于 1MPa，注浆时浆液流量宜取 10～20L/mm。采用坍落度为 25～75mm 的水泥砂浆压密注浆时，注浆压力宜为 1～7MPa，注浆的流量宜为 10～20L/min。

（8）在浆液拌制时加入的掺合料、外加剂的量应通过试验确定，或按照下列指标选用：

1）磨细粉煤灰掺入量宜为水泥用量的 20%～50%；

2）水玻璃的模数应为 3.0～3.3，掺入量宜为水泥用量的 0.5%～3.0%；

3）表面活性剂（或减水剂）的掺入最宜为水泥用量的 0.5%；

4）膨润土的掺入量宜为水泥用量的 1%～5%。

（9）冬期施工时，在日平均气温低于 5℃或最低温度低于 -3℃的条件下注浆时应采取防浆体冻结措施。夏季施工时，用水温度不得高于 35℃且对浆液及注浆管路应采取防护措施。

（10）注浆过程中可采取调整浆液配合比、间歇式注浆、调整浆液的凝结时间、上口封闭等措施防止地面冒浆。

（11）注浆施工中应做好原材料检验、注浆体强度、注浆孔位孔深、注浆施工顺序、注浆压力、注浆流量等项目的记录与质量控制。

注：本内容参照《建筑地基基础工程施工规范》（GB 51004—2015）第 4.6.1-4.6.11 条的规定。

1.6.6 预压地基

1. 质量目标

（1）施工前应检查施工监测措施，沉降、孔隙水压力等原始数据，排水设施，砂井（包括袋装砂井）、塑料排水带等位置。

（2）堆载必须分级堆载，施工应检查堆载高度、沉降速率，一般每天沉降速率控制在 10～15mm，边桩位移速率控制在 4～7mm，孔隙水压力增量不超过预压荷载增量 60%，真空预压的真空度可一次抽气至最大，当连续5d实测沉降小于每天2mm或固结度大于等于80%，或符合设计要求时，可以停止抽气。真空预压施工应检查密封膜的密封性能、真空表读数等等。

（3）施工结束后，应检查地基土的强度及要求达到的其他物理力学指标，如做十字板剪切强度或标贯、静力触探实验，重要建筑物地基应做承载力检验。

（4）预压地基和塑料排水带质量检验标准应符合表1-9的规定。

预压地基质量检验标准 表1-9

项目	序	检查项目	允许值或允许偏差		检查方法
			单位	数值	
主控项目	1	地基承载力	不小于设计值		静载试验
	2	处理后地基土的强度	不小于设计值		原位测试
	3	变形指标	设计值		原位测试
一般项目	1	预压荷载（真空度）	%	≥−2	高度测量（压力表）
	2	固结度	%	≥−2	原位测试（与设计要求比）
	3	沉降速率	%	±10	水准测量（与控制值比）
	4	水平位移	%	±10	用测斜仪、全站仪测量
	5	竖向排水体位置	mm	≤100	用钢尺量
	6	竖向排水体插入深度	mm	+200 0	经纬仪测量
	7	插入塑料排水带时的回带长度	mm	≤500	用钢尺量
	8	竖向排水体高出砂垫层距离	mm	≥100	用钢尺量
	9	插入塑料排水带的回带根数	%	<5	统计
	10	砂垫层材料的含泥量	%	≤5	水洗法

注：本内容参照《建筑地基工程施工质量验收标准》（GB 50202—2018）第 4.8.1-4.8.4 的规定。

2. 质量保障措施

（1）堆载预压。

1）塑料排水带的性能指标应符合设计要求，并应在现场妥善保护，防止阳光照射、破损或污染。破损或污染的塑料排水带不得在工程中使用。

2）砂井的灌砂量，应按井孔的体积和砂在中密状态时的干密度计算，实际灌砂量不得小于计算值的95%。

3）灌入砂袋中的砂宜用干砂，并应灌制密实。

4）塑料排水带和袋装砂井施工时，宜配置深度检测设备。

5）塑料排水带接长时，应采用滤膜内芯带平搭接的连接方法，搭接长度宜大于200mm。

6）塑料排水带施工所用套管应保证插入地基中的带子不扭曲。袋装砂井施工所用套管内径应大于砂井直径。

7）塑料排水带和袋装砂井施工时，平面井距偏差不应大于井径，垂直度允许偏差应为±1.5%，深度应满足设计要求。

8）塑料排水带和袋装砂井砂袋埋入砂垫层中的长度不应小于500mm。

9）堆载预压加载过程中，应满足地基承载力和稳定控制要求，并应进行竖向变形、水平位移及孔隙水压力的监测，堆载预压加载速率应满足下列要求：

① 竖井地基最大竖向变形不应超过15mm/d；

② 天然地基最大竖向变形不应超过10mm/d；

③ 堆载预压边缘处水平位移不应超过5mm/d；

④ 根据上述观测资料综合分析、判断地基的承载力和稳定性。

注：本内容参照《建筑地基处理技术规范》JGJ 79—2012第5.3.1-5.3.9条的规定。

（2）真空预压。

1）真空预压的抽气设备宜采用射流真空泵，真空泵空抽吸力不应低于95kPa。真空泵的设置应根据地基预压面积、形状、真空泵效率和工程经验确定，每块预压区设置的真空泵不应少于两台。

2）真空管路设置应符合下列规定：

① 真空管路的连接应密封，真空管路中应设置止回阀和截门；

② 水平向分布滤水管可采用条状、梳齿状及羽毛状等形式，滤水管布置宜形成回路；

③ 滤水管应设在砂垫层中，上覆砂层厚度宜为100～200mm；

④ 滤水管可采用钢管或塑料管，应外包尼龙纱或土工织物等滤水材料。

3）密封膜应符合下列规定：

① 密封膜应采用抗老化性能好、韧性好、抗穿刺性能强的不透气材料；

② 密封膜热合时，宜采用双热合缝的平搭接，搭接宽度应大于15mm；

③ 密封膜宜铺设三层，膜周边可采用挖沟埋膜，平铺并用黏土覆盖压边、周围沟内及膜上覆水等方法进行密封。

4）地基土渗透性强时，应设置黏土密封墙。黏土密封墙宜采用双排搅拌桩，搅拌桩直径不宜小于700mm；当搅拌桩深度小于15m时，搭接宽度不宜小于200mm；当搅拌桩深度大于15m时，搭接宽度不宜小于300mm；搅拌桩成桩搅拌应均匀，黏土密封墙的渗透系数应满足设计要求。

（3）真空和堆载联合预压。

1）采用真空和堆载联合预压时，应先抽真空，当真空压力达到设计要求并稳定后，再进行堆载，并继续抽真空。

2）堆载前，应在膜上铺设编织布或无纺布等土工编织布保护层。保护层上铺设100～300mm厚砂垫层。

3）堆载施工时可采用轻型运输工具，不得损坏密封膜。

4）上部堆载施工时，应监测膜下真空度的变化，发现漏气应及时处理。

5）堆载加载过程中，应满足地基稳定性设计要求，对竖向变形、边缘水平位移及孔隙水压力的监测应满足下列要求：

① 地基加固区外的侧移速率不应大于5mm/d；

② 地基竖向变形速率不应大于10mm/d；

③ 根据上述观察资料综合分析、判断地基的稳定性。

注：本内容参照《建筑地基处理技术规范》JGJ 79—2012 第 5.3.10-5.3.18 条的规定。

（4）质量检验。

1）对塑料排水带应进行纵向通水量、复合体抗拉强度、滤膜抗拉强度、滤膜渗透系数和等效孔径等性能指标现场随机抽样测试；

2）对不同来源的砂井和砂垫层砂料，应取样进行颗粒分析和渗透性试验；

3）对以地基抗滑稳定性控制的工程，应在预压区内预留孔位，在加载不同阶段进行原位十字板剪切试验和取土进行室内土工试验；加固前的地基土检测，应在打设塑料排水带之前进行；

4）对预压工程，应进行地基竖向变形、侧向位移和孔隙水压力等监测；

5）真空预压、真空和堆载联合预压工程，除应进行地基变形、孔隙水压力监测外，尚应进行膜下真空度和地下水位监测。

注：本内容参照《建筑地基基础工程施工规范》（GB 51004—2015）第 4.7.1-4.7.8 条的规定。

1.6.7 高压喷射注浆地基

1. 质量目标

（1）施工前应检查水泥、外掺剂等的质量，桩位，压力表、流量表的精度或灵敏度，高压喷射设备的性能等。

（2）施工中应检查施工参数（压力、水泥浆量、提升速度、旋转速度等）及施工程序。

（3）施工结束后，应检查桩体强度、平均直径、桩身中心位置、桩体质量及承载力等。桩体质量及承载力应在施工结束后 28d 进行。

（4）高压喷射注浆地基质量检验标准应符合表 1-10 的规定。

高压喷射注浆复合地基质量检验标准 表 1-10

项目	序	检查项目	允许值或允许偏差		检查方法
			单位	数值	
主控项目	1	复合地基承载力	不小于设计值		静载试验
	2	单桩承载力	不小于设计值		静载试验
	3	水泥用量	不小于设计值		查看流量表
	4	桩长	不小于设计值		测钻杆长度
	5	桩身强度	不小于设计值		28d 试块强度或钻芯法
一般项目	1	水胶比	设计值		实际用水量与水泥等胶凝材料的重量比
	2	钻孔位置	mm	≤50	用钢尺量
	3	钻孔垂直度	≤1/100		经纬仪测钻杆
	4	桩位	mm	≤0.2D	开挖后桩顶下 500mm 处用钢尺量
	5	桩径	mm	≥−50	用钢尺量
	6	桩顶标高	不小于设计值		水准测量，最上部 500mm 浮浆层及劣质桩体不计入

项	序	检查项目	允许值或允许偏差		检查方法
			单位	数值	
一般项目	7	喷射压力	设计值		检查压力表读数
	8	提升速度	设计值		测机头上升距离及时间
	9	旋转速度	设计值		现场测定
	10	褥垫层夯填度	≤0.9		水准测量

注：D 为设计桩径（mm）。

注：本内容参照《建筑地基工程施工质量验收标准》（GB 50202—2018）第 4.10.1-4.10.4 的规定。

2. 质量保障措施

（1）高压喷射注浆施工前应根据设计要求进行工艺性试验，数量不应少于 2 根。

（2）高压喷射注浆的施工技术参数应符合下列规定：

1）单管法和二重管法的高压水泥浆浆液流压力宜为 20～30MPa，二重管法的气流压力宜为 0.6～0.8MPa；

2）三重管法的高压水射流压力宜为 20～40MPa，低压水泥浆浆液流压力宜为 0.2～1.0MPa，气流压力宜为 0.6～0.8MPa；

3）双高压旋喷桩注浆的高压水压力宜为 35±2MPa，流量宜为 70～80L/min，高压浆液的压力宜为 20±2MPa，流量宜为 70～80L/min，压缩空气的压力宜为 0.5～0.8MPa，流量宜为 1.0～3.0m³/min；

4）提升速度宜为 0.05～0.25m/min，并应根据试桩确定施工参数。

（3）高压喷射注浆材料宜采用普通硅酸盐水泥。所用外加剂及掺合料的数量，应通过试验确定。水泥浆液的水灰比宜取 0.8～1.5。

（4）钻机成孔直径宜为 90～150mm，钻机定位偏差应小于 20mm，钻机安放应水平，钻杆垂直度偏差应小于 1/100。

（5）钻机与高压泵的距离不宜大于 50m，钻孔定位偏差不得大于 50mm。喷射注浆应由下向上进行，注浆管分段提升的搭接长度应大于 100mm。

（6）对需要扩大加固范围或提高强度的工程，宜采用复喷措施。

（7）周边环境有保护要求时可采取速凝浆液、隔孔喷射、冒浆回灌、放慢施工速度或具有排泥装置的全方位高压旋喷技术等措施。

（8）高压喷射注浆施工时，邻近施工影响区域不应进行抽水作业。

注：本内容参照《建筑地基基础工程施工规范》（GB 51004—2015）第 4.9.1-4.9.8 条的规定。

1.6.8 水泥土搅拌桩地基

1. 质量目标

（1）施工前应检查水泥及外掺剂的质量、桩位、搅拌机工作性能及各种计量设备完好程度（主要是水泥浆流量计及其他计量装置）。

（2）施工中应检查机头提升速度、水泥浆或水泥注入量、搅拌桩的长度及标高。

（3）施工结束后，应检查桩体强度、桩体直径及地基承载力。

（4）水泥土搅拌桩地基质量检验标准应符合表 1-11 的规定。

水泥土搅拌桩地基质量检验标准 表 1-11

项	序	检查项目	允许值或允许偏差		检查方法
			单位	数值	
主控项目	1	复合地基承载力	不小于设计值		静载试验
	2	单桩承载力	不小于设计值		静载试验
	3	水泥用量	不小于设计值		查看流量表
	4	搅拌叶回转直径	mm	±20	用钢尺量
	5	桩长	不小于设计值		测钻杆长度
	6	桩身强度	不小于设计值		28d 试块强度或钻芯法
一般项目	1	水胶比	设计值		实际用水量与水泥等胶凝材料的重量比
	2	提升速度	设计值		测机头上升距离及时间
	3	下沉速度	设计值		测机头下沉距离及时间
	4	桩位	条基边桩沿轴线	≤1/4D	全站仪或用钢尺量
			垂直轴线	≤1/6D	
			其他情况	≤2/5D	
	5	桩顶标高	mm	±200	水准测量，最上部 500mm 浮浆层及劣质桩体不计入
	6	导向架垂直度	≤1/150		经纬仪测量
	7	褥垫层夯填度	≤0.9		水准测量

注：D 为设计桩径（mm）。

注：本内容参照《建筑地基工程施工质量验收标准》（GB 50202—2018）第 4.11.1-4.11.4 的规定。

2. 质量保障措施

（1）施工前应进行工艺性试桩，数量不应少于 2 根。

（2）单轴与双轴水泥土搅拌法施工应符合下列规定：

1）施工深度不宜大于 18m，搅拌桩机架安装就位应水平，导向架垂直度偏差应小于 1/150，桩位偏差不得大于 50mm，桩径和桩长不得小于设计值；

2）单轴和双轴水泥土搅拌桩浆液水灰比宜为 0.55～0.65，制备好的浆液不得离析，泵送应连续，且应采用自动压力流量记录仪；

3）双轴水泥土搅拌桩成桩应采用两喷三搅工艺，处理粗砂、砾砂时，宜增加搅拌次数，钻头喷浆搅拌提升速度不宜大于 0.5m/min，钻头搅拌下沉速度不宜大于 1.0m/min，钻头每转一圈的提升（或下沉）量宜为 10～15mm，单机 24h 内的搅拌量不应大于 100m³；

4）施工时宜用流量泵控制输浆速度，注浆泵出口压力应保持在 0.40～0.60MPa，输浆速度应保持常量；

5）钻头搅拌下沉至预定标高后，应喷浆搅拌 30s 后再开始提升钻杆。

（3）三轴水泥土搅拌法施工应符合下列规定：

1）施工深度大于 30m 的搅拌桩宜采用接杆工艺，大于 30m 的机架应有稳定性措施，导向架垂直度偏差不应大于 1/250；

2）三轴水泥土搅拌桩桩水泥浆液的水灰比宜为 1.5～2.0，制备好的浆液不得离析，泵送应连续，且应采用自动压力流量记录仪；

3）搅拌下沉速度宜为 0.5～1.0m/min，提升速度宜为 1～2m/min，并应保持匀速下沉或提升；

4）可采用跳打方式、单侧挤压方式和先行钻孔套打方式施工，对于硬质土层，当成桩有困难时，可采用预先松动土层的先行钻孔套打方式施工；

5）搅拌桩在加固区以上的土层扰动区宜采用低掺量加固；

6）环境保护要求离的工程应采用三轴搅拌桩，并应通过试成桩及其监测结果调整施工参数，邻近保护对象时，搅拌下沉速度宜为 0.5～0.8m/min，提升速度宜为 1.0m/min 内，喷浆压力不宜大于 0.8MPa；

7）施工时宜用流量泵控制输浆速度，注浆泵出口压力宜保持在 0.4～0.6MPa，并应使搅拌提升速度与输浆速度同步。

（4）水泥土搅拌桩基施工时，停浆面应高于桩顶设计标高 300～500mm。开挖基坑时，应将搅拌桩顶端浮浆桩段用人工挖除。

（5）施工中因故停浆时，应将钻头下沉至停浆点以下 0.5m 处，待恢复供浆时再喷浆搅拌提升，或将钻头抬高至停浆点以上 0.5m 处，待恢复供浆时再喷浆搅拌下沉。

注：本内容参照《建筑地基基础工程施工规范》（GB 51004—2015）第 4.10.1-4.10.5 条的规定。

1.6.9 土和灰土挤密桩复合地基

1. 质量目标

（1）施工前应对土及灰土的质量、桩孔放样位置等做检查。

（2）施工中应对桩孔直径、桩孔深度、夯击次数、填料的含水量等做检查。

（3）施工结束后，应检验成桩的质量及地基承载力。

（4）土和灰土挤密桩地基质量检验标准应符合表 1-12 的规定。

土和灰土挤密桩复合地基质量检验标准 表 1-12

项	序	检查项目	允许值或允许偏差		检查方法
			单位	数值	
主控项目	1	复合地基承载力	不小于设计值		静载试验
	2	桩体填料平均压实系数	≥0.97		环刀法
	3	桩长	不小于设计值		测桩管长度或用测绳测孔深
一般项目	1	土料有机质含量	≤5%		灼烧减量法
	2	含水量	最优含水量±2%		烘干法
	3	石灰粒径	mm	≤5	筛析法
	4	桩位	条基边桩沿轴线	≤1/4D	全站仪或用钢尺量
			垂直轴线	≤1/6D	
			其他情况	≤2/5D	

项	序	检查项目	允许值或允许偏差		检查方法
			单位	数值	
一般项目	5	桩径	mm	+50 0	用钢尺量
	6	桩顶标高	mm	±200	水准测量，最上部500mm劣质桩体不计入
	7	垂直度	≤1/100		经纬仪测桩管
	8	砂、碎石褥垫层夯填度	≤0.9		水准测量
	9	灰土垫层压实系数	≥0.95		环刀法

注：D 为设计桩径（mm）。

注：本内容参照《建筑地基工程施工质量验收标准》（GB 50202—2018）第 4.12.1-4.12.4 的规定。

2. 质量保障措施

（1）土和灰土挤密桩的成孔应按设计要求、现场土质和周围环境等情况，选用沉管法、冲击法或钻孔法。

（2）土和灰土挤密桩的施工应按下列顺序进行：

1）施工前应平整场地，定出桩孔位置并编号；

2）整片处理时宜从里向外，局部处理时宜从外向里，施工时应间隔 1～2 个孔依次进行；

3）成孔达到要求深度后应及时回填夯实。

（3）土和灰土挤密桩的土填料宜采用就地或就近基槽中挖出的粉质黏土。所用石灰应为Ⅲ级以上新鲜块灰，石灰使用前应消解并筛分，其粒径不应大于 5mm。土和灰土的质量及体积配合比应符合《建筑地基基础工程施工规范》（GB 51004—2015）第 4.2.1 条的规定。

（4）桩孔夯填时填料的含水量宜控制在最优含水量±3%的范围内，夯实后的干密度不应低于其最大干密度与设计要求压实系数的乘积。填料的最优含水量及最大干密度可通过击实试验确定。

（5）向孔内填料前，孔底应夯实，应抽样检查桩孔的直径、深度、垂直度和桩位偏差，并应符合下列规定：

1）桩孔直径的偏差不应大于桩径的 5%；

2）桩孔深度的偏差应为±500mm；

3）桩孔的垂直度偏差不宜大于 1.5%；

4）桩位偏差不宜大于桩径的 5%。

（6）桩孔经检验合格后，应按设计要求向孔内分层填入筛好的素土、灰土或其他填料，并应分层夯实至设计标高。

（7）土和灰土挤密桩的施工质量检测应符合下列规定：

1）成桩后应及时抽检施工质量，抽检数量不应少于桩总数的 1%。

2）成桩后应检查施工记录、检验全部处理深度内桩体和桩间土的干密度，并将其分别换算为平均压实系数和平均挤密系数。

注：本内容参照《建筑地基基础工程施工规范》（GB 51004—2015）第 4.11.1-4.11.7 条的规定。

1.6.10　水泥粉煤灰碎石桩复合地基

1. 质量目标

（1）水泥、粉煤灰、砂石碎石等原材料应符合设计要求。

（2）施工中应检查桩身混合料的配合比、坍落度和提拔钻杆速度（或提拔套管速度）、成孔深度、混合料灌入量等。

（3）施工结束后，应对桩顶标高、桩位、桩体质量、地基承载力以及褥垫层的质量做检查。

（4）水泥粉煤灰碎石桩复合地基的质量检验标准应符合表 1-13 的规定。

水泥粉煤灰碎石桩复合地基质量检验标准　　　　　　　　　　表 1-13

项	序	检查项目	允许值或允许偏差		检查方法
			单位	数值	
主控项目	1	复合地基承载力	不小于设计值		静载试验
	2	单桩承载力	不小于设计值		静载试验
	3	桩长	不小于设计值		测桩管长度或用测绳测孔深
	4	桩径	mm	+50 0	用钢尺量
	5	桩身完整性	—		低应变检测
	6	桩身强度	不小于设计要求		28d 试块强度
一般项目	1	桩位	条基边桩沿轴线	$\leqslant 1/4D$	全站仪或用钢尺量
			垂直轴线	$\leqslant 1/6D$	
			其他情况	$\leqslant 2/5D$	
	2	桩顶标高	mm	±200	水准测量,最上部 500mm 劣质桩体不计入
	3	桩垂直度	$\leqslant 1/100$		经纬仪测桩管
	4	混合料坍落度	mm	160～220	坍落度仪
	5	混合料充盈系数	$\geqslant 1.0$		实际灌注量与理论灌注量的比
	6	褥垫层夯填度	$\leqslant 0.9$		水准测量

注：D 为设计桩径（mm）。

注：本内容参照《建筑地基工程施工质量验收标准》（GB 50202—2018）第 4.13.1-4.13.4 的规定。

2. 质量保障措施

（1）施工前应按设计要求进行室内配合比试验。长螺旋钻孔灌注成桩所用混合料坍落度宜为 160～200mm，振动沉管灌注成桩所用混合料坍落度宜为 30～50mm。

（2）水泥粉煤灰碎石桩施工应符合下列规定：

1）用振动沉管灌注成桩和长螺旋钻孔灌注成桩施工时，桩体配比中采用的粉煤灰可选用电厂收集的粗灰，采用长螺旋钻孔、管内泵压混合料灌注成桩时，宜选用细度

（0.045mm 方孔筛筛余百分比）不大于 45％的Ⅲ级或Ⅲ级以上等级的粉煤灰；

2）长螺旋钻孔、管内泵压混合料成桩施工时每方混合料粉煤灰掺量宜为 70～90kg；

3）成孔时宜先慢后快，并应及时检查、纠正钻杆偏差，成桩过程应连续进行；

4）长螺旋钻孔、管内泵压混合料成桩施工时，当钻至设计深度后，应掌握提拔钻杆时间，混合料泵送量应与拔管速度相配合，压灌应一次连续灌注完成，压灌成桩时，钻具底端出料口不得高于钻孔内桩料的液面；

5）沉管灌注成桩施工拔管速度应按匀速控制，并控制在 1.2～1.5m/min，遇淤泥或淤泥质土层，拔管速度应适当放慢，沉管拔出地面确认成桩桩顶标高后，用粒状材料或湿黏性土封顶；

6）振动沉管灌注成桩后桩顶浮浆厚度不宜大于 200mm；

7）拔管应在钻杆芯管充满混合料后开始，严禁先拔管后泵料；

8）桩顶标高宜高于设计桩顶标高 0.5m 以上。

（3）桩的垂直度偏差不应大于 1/100。满堂布桩基础的桩位偏差不应大于桩径的 0.4倍；条形基础的桩位偏差不应大于桩径的 0.25 倍；单排布桩的桩位偏差不应大于 60mm。

（4）褥垫层铺设宜采用静力压实法。基底桩间土含水量较小时，也可采用动力夯实法。夯填度不应大于 0.9。

（5）冬期施工时，混合料入孔温度不得低于 5℃。

（6）施工质量检验应符合下列规定：

1）成桩过程应抽样做混合料试块，每台机械一天应做一组（3 块）试块（边长为150mm 的立方体），标准养护，测定其立方体抗压强度；

2）施工质量应检查施工记录、混合料坍落度、桩数、桩位偏差、褥垫层厚度、夯填度和桩体试块抗压强度等；

3）地基承载力检验应采用单桩复合地基载荷试验或单桩载荷试验，单体工程试验数最应为总桩数的 1％且不应少于 3点，对桩体检测应抽取不少于总桩数的 10％进行低应变动力试验，检测桩身完整性。

注：本内容参照《建筑地基基础工程施工规范》GB 51004—2015 第 4.12.1-4.12.6条的规定。

1.6.11 夯实水泥土桩复合地基

1. 质量目标

（1）水泥及夯实用土料的质量应符合设计要求。

（2）施工中应检查孔位、孔深、孔径、水泥和土的配比、混合料含水量等。

（3）施工结束后，应对桩体质量及复合地基承载力做检验，褥垫层应检查其夯填度。

（4）夯实水泥土桩的质量检验标准应符合表 1-14 的规定。

夯实水泥土桩复合地基质量检验标准　　　　　　　　　表 1-14

项	序	检查项目	允许值		检查方法
			单位	数值	
主控项目	1	复合地基承载力	不小于设计值		静载试验
	2	桩体填料平均压实系数	≥0.97		环刀法

续表

项	序	检查项目	允许值		检查方法
			单位	数值	
主控项目	3	桩长	不小于设计值		用测绳测孔深
	4	桩身强度	不小于设计要求		28d试块强度
一般项目	1	土料有机质含量	≤5%		灼烧减量法
	2	含水量	最优含水量±2%		烘干法
	3	土料粒径	mm	≤20	筛析法
	4	桩位	条基边桩沿轴线	≤1/4D	全站仪或用钢尺量
			垂直轴线	≤1/6D	
			其他情况	≤2/5D	
	5	桩径	mm	+50 0	用钢尺量
	6	桩顶标高	mm	±200	水准测量,最上部500mm劣质桩体不计入
	7	桩孔垂直度	≤1/100		经纬仪测桩管
	8	褥垫层夯填度	≤0.9		水准测量

注：D 为设计桩径（mm）。

注：本内容参照《建筑地基工程施工质量验收标准》（GB 50202—2018）第 4.14.1-4.14.4 的规定。

2. 质量保障措施

（1）夯实水泥土桩施工前应进行工艺性试桩，试桩数量不应少于 2 根。

（2）夯实水泥土桩的施工，应按设计要求选用成孔工艺。挤土成孔宜选用沉管、冲击等方法，非挤土成孔宜选用洛阳铲、螺旋钻等方法。

（3）夯填桩孔时，应选用机械夯实，夯锤应与桩径相适应，分段夯填时，夯锤的落距和填料厚度应根据现场试验确定，落距宜大于 2m，填料厚度宜取 250～400mm。混合填料密实度不应小于 0.93。

（4）土料中的有机质含量不得大于 5%，不得含有垃圾杂质、冻土或膨胀土等，使用时应过筛。混合料的含水量宜控制在最优含水量±2%的范围内。土料与水泥应拌和均匀，混合料搅拌时间不宜少于 2min，混合料坍落度宜为 30～50mm。

（5）施工应隔排隔桩跳打。向孔内填料前孔底应夯实，宜采用二夯一填的连续成桩工艺，每根桩的成桩过程应连续进行。桩顶夯填高度应大于设计桩顶标高 200～300mm，垫层施工时应将多余桩体凿除，桩顶面应水平。垫层铺设时应压（夯）密实，夯填度不应大于 0.9。

（6）沉管法拔管速度宜控制为 1.2～1.5m/min，每提升 1.5～2.0m 留振 20s。桩管拔出地面后应用粒状材料或黏土封顶。

（7）夯实水泥土桩复合地基施工质量检测应符合下列规定：

1）施工过程中，对夯实水泥土桩的成桩质量，应及时进行抽样检验，抽样检验的数量不应少于总桩数的 2%；

2）承载力检验应采用单桩复合地基载荷试验，对重要或大型工程，尚应进行多桩复

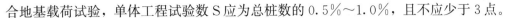

合地基载荷试验，单体工程试验数 S 应为总桩数的 0.5‰～1.0‰，且不应少于 3 点。

注：本内容参照《建筑地基基础工程施工规范》（GB 51004—2015）第 4.13.1-4.13.7 条的规定。

1.6.12 砂石桩复合地基

1. 质量目标

（1）施工前应检查砂石料的含泥量及有机质含量等。振冲法施工前应检查振冲器的性能，应对电流表、电压表进行检定或校准。

（2）施工中应检查每根砂石桩的桩位、填料量、标高、垂直度等。振冲法施工中尚应检查密实电流、供水压力、供水量、填料量、留振时间、振冲点位置、振冲器施工参数等。

（3）施工结束后，应进行复合地基承载力、桩体密实度等检验。

（4）砂石桩复合地基质量检验标准应符合表 1-15 的规定。

砂石桩复合地基质量检验标准 表 1-15

项	序	检查项目	允许值或允许偏差		检查方法
			单位	数值	
主控项目	1	复合地基承载力	不小于设计值		静载试验
	2	桩体密实度	不小于设计值		重型动力触探
	3	填料量	%	≥−5	实际用料量与计算填料量体积比
	4	孔深	不小于设计值		测钻杆长度或用测绳
一般项目	1	填料的含泥量	%	<5	水洗法
	2	填料的有机质含量	%	≤5	灼烧减量法
	3	填料粒径	设计要求		筛析法
	4	桩间土强度	不小于设计值		标准贯入试验
	5	桩位	mm	≤0.3D	全站仪或用钢尺量
	6	桩顶标高	不小于设计值		水准测量，将顶部预留的松散桩体挖除后测量
	7	密实电流	设计值		查看电流表
	8	留振时间	设计值		用表计时
	9	褥垫层夯填度	≤0.9		水准测量

注：1. 夯填度指夯实后的褥垫层厚度与虚铺厚度的比值；

2. D 为设计桩径（mm）。

注：本内容参照《建筑地基工程施工质量验收标准》（GB 50202—2018）第 4.9.1-4.9.4 的规定。

2. 质量保障措施

（1）施工前应进行成桩工艺和成桩挤密试验，工艺性试桩的数量不应少于 2 根。

（2）砂石桩施工可采用振动沉管、锤击沉管或冲击成孔等成桩法。当用于消除粉细砂及粉土液化时，宜用振动沉管成桩法。

（3）振动沉管成桩法施工应根据沉管和挤密情况，控制填砂量、提升高度和速度、挤压次数和时间、电机的工作电流等。振动沉管法施工宜采用单打法或反插法。锤击法挤密应根据锤击的能量，控制分段的填砂量和成桩的长度，锤击沉管成桩法施工可采用单管法或双管法。

(4) 砂石桩的施工顺序应符合下列规定：

1) 对砂土地基宜从外围或两侧向中间进行；

2) 对黏性土地基宜从中间向外围或隔排施工；

3) 在邻近既有建（构）筑物施工时，应背离建（构）筑物方向进行。

(5) 采用活瓣桩靴施工时应符合下列规定：

1) 对砂土和粉土地基宜选用尖锥形；

2) 对黏性土地基宜选用平底形；

3) 一次性桩尖可采用混凝土锥形桩尖。

(6) 砂石桩填料宜用天然级配的中砂、粗砂。拔管宜在管内灌入砂料高度大于 1/3 管长后开始。拔管速度应均匀，不宜过快。

(7) 施工时桩位水平偏差不应大于套管外径的 0.3 倍。套管垂直度偏差不应大于 1/100。

(8) 砂石桩施工后，应将基底标高下的松散层挖除或夯压密实，随后铺设并运实砂垫层。

(9) 砂石桩复合地基施工质量检测应符合下列规定：

1) 施工期间及施工结束后应检查砂石桩的施工记录，沉管法施工尚应检查套管往复挤压振动次数与时间、套管升降幅度和速度、每次填砂石量等项目施工记录；

2) 施工完成后应间隔一定时间方可进行质量检验，对饱和黏性土地基应待孔隙水压力消散后进行，间隔时间不宜少于 28d，对粉土、砂土和杂填土地基，不宜少于 7d；

3) 砂石桩的施工质量检验可采用单桩载荷试验，对桩体可采用动力触探试验检测，对桩间土可采用标准贯入、静力触探、动力触探或其他原位测试等方法进行检测，桩间土质量的检测位置应在等边三角形或正方形的中心，检测数量不应少于桩孔总数的 2%；

4) 砂石桩地基承载力检验应采用复合地基载荷试验，检测数量不应少于总桩数的 0.5%，且每个单体建筑不应少于 3 点。

注：本内容参照《建筑地基基础工程施工规范》(GB 51004—2015) 第 4.14.1-4.14.9 条的规定。

1.7 填方工程施工细则

📋 《工程质量安全手册》第 3.1.7 条：

> 填方工程的施工应满足设计和规范要求。

📖 实施细则：

1.7.1 柱基、基坑、基槽等填方工程

1. 质量目标（表 1-16）

基础层填方工程质量检验标准　　　　　　表 1-16

项	序	项　目	允许值或允许偏差		检 查 方 法
			单位	数值	
主控项目	1	标高	mm	0 −50	水准测量
	2	分层压实系数	不小于设计值		环刀法、灌水法、灌砂法
一般项目	1	回填土料	设计要求		取样检查或直接鉴别
	2	分层厚度	设计值		水准测量及抽样检查
	3	含水量	最优含水量±2%		烘干法
	4	表面平整度	mm	±20	用2m靠尺
	5	有机质含量	≤5%		灼烧减量法
	6	辗迹重叠长度		500～1000	用钢尺量

注：本内容参照《建筑地基工程施工质量验收标准》（GB 50202—2018）第 9.5.4 条的规定。

2. 质量保障措施

(1) 材料的要求。

1) 回填土料应符合设计要求，土料不得采用淤泥和淤泥质土，有机质含量不大于 5%，土料含水量应满足压实要求。

2) 碎石类土或爆破石碴用作回填土料时，其最大粒径不应大于每层铺填厚度的 2/3，铺填时大块料不应集中，且不得回填在分段接头处。

3) 黏土或排水不良的砂土作为回填土料的，其最优含水量与相应的最大干容重，宜通过击实试验测定或通过计算确定。黏土的施工含水量与最优含水量之差可控制为 −4%～+2%，使用振动辗时，可控制为 −6%～+2%。

注：本内容参照《建筑地基基础工程施工规范》（GB 51004—2015）第 8.5.2、8.5.3、8.5.5 条的规定。

(2) 回填压实施工要求。

1) 土方回填前，应根据工程特点、土料性质、设计压实系数、施工条件等合理选择压实机具，并确定回填土料含水量控制范围、铺土厚度、压实遍数等施工参数。重要土方回填工程或采用新型压实机具的，应通过填土压实试验确定施工参数。

2) 轮（夯）迹应相互搭接，机械压实应控制行驶速度。

3) 在建筑物转角、空间狭小等机械压实不能作业的区域，可采用人工压实的方法。

4) 回填面积较大的区域，应采取分层、分块（段）回填压实的方法，各块（段）交界面应设置成斜坡形，辗迹应重叠 0.5～1.0m，填土施工时的分层厚度及压实遍数应符合表 1-17 的规定，上、下层交界面应错开，错开距离不应小于 1m。

填土施工时的分层厚度及压实遍数　　　　　　表 1-17

压实机具	分层厚度(mm)	每层压实遍数	压实机具	分层厚度(mm)	每层压实遍数
平碾	250～300	6～8	柴油打夯机	200～250	3～4
振动压实机	250～350	3～4	人工打夯	<200	3～4

注：本内容参照《建筑地基基础工程施工规范》（GB 51004—2015）第 8.5.4、8.5.6 条的规定。

（3）土方回填的要求

注：本内容参照《建筑地基基础工程施工规范》（GB 51004—2015）第 8.5.8 条的规定。

1）基础外墙有防水要求的，应在外墙防水施工完毕且验收合格后方可回填，防水层外侧宜设置保护层；

2）基坑边坡或围护墙与基础外墙之间的土方回填，应与基础结构及基坑换撑施工工况保持一致，以回填作为基坑换撑的，应根据地下结构层数、设计工况分阶段进行土方回填，基坑设置混凝土或钢换撑带的，换撑带底部应采取保证回填密实的措施；

3）宜对称、均衡地进行土方回填；

4）回填较深的基坑，土方回填应控制降落高度。

（4）土方回填的施工检验

1）施工前应检查基底的垃圾、树根等杂物清除情况，测量基底标高、边坡坡率，检查验收基础外墙防水层和保护层等。回填料应符合设计要求，并应确定回填料含水设控制范围、铺土厚度、压实遍数等施工参数。

2）施工中应检查排水系统，每层填筑厚度、辗迹重叠程度、含水量控制、回填土有机质含量、压实系数等。回填施工的压实系数应满足设计要求。当采用分层回填时，应在下层的压实系数经试验合格后进行上层施工。填筑厚度及压实遍数应根据土质、压实系数及压实机具确定，无试验依据时，应符合表 1-18 的规定。

填土施工时的分层厚度及压实遍数　　　　　　表 1-18

压实机具	分层厚度（mm）	每层压实遍数	压实机具	分层厚度（mm）	每层压实遍数
平碾	250～300	6～8	柴油打夯	200～250	3～4
振动压实机	250～350	3～4	人工打夯	＜200	3～4

注：本内容参照《建筑地基工程施工质量验收标准》（GB 50202—2018）第 9.5.1-9.5.3 条的规定。

3）基坑和室内土方回填，每层按 100～500m² 取样 1 组，且不应少于 1 组，柱基回填，每层抽样柱基总数的 10%，且不应少于 5 组，基槽和管沟回填，每层按 20～50m 取 1 组，且不应少于 1 组。

4）施工结束后，应进行标高及压实系数检验。

注：本内容参照《建筑地基工程施工质量验收标准》（GB 50202—2018）第 9.5.1-9.5.3 条的规定。

1.7.2 场地平整填方工程

1. 质量目标

场地平整填方工程质量检验标准见表 1-19。

场地平整填方工程质量检验标准　　　　　　　表 1-19

项	序	项　目	允许值或允许偏差		检 查 方 法
			单位	数值	
主控项目	1	标高	mm	人工 ±30	水准测量
				机械 ±50	
	2	分层压实系数	不小于设计值		环刀法、灌水法、灌砂法
一般项目	1	回填土料	设计要求		取样检查或直接鉴别
	2	分层厚度	设计值		水准测量及抽样检查
	3	含水量	最优含水量±4%		烘干法
	4	表面平整度	mm	人工 ±20	用 2m 靠尺
				机械 ±30	
	5	有机质含量	≤5%		灼烧减量法
	6	辗迹重叠长度	mm	500～1000	用钢尺量

2. 质量保障措施

(1) 土料的选择

填方土料应符合设计要求，保证填方的强度与稳定性，选择的填料应为强度高、压缩性小、水稳定性好、便于施工的土、石料，一般不能选用淤泥和淤泥质土、膨胀土、冻土、机质含量大于 8% 的土、含水溶性硫酸盐大于 5% 的土、含水量不符合压实要求的黏性土。如设计无要求时，应符合下列规定：

1) 碎石类土、砂土和爆破石渣（粒径不大于每层铺厚的 2/3）可用于表层下的填料。

2) 含水量符合压实要求的黏性土，可为填土。在道路工程中黏性土不是理想的路基填料，在使用其作为路基填料时必须充分压实并设有良好的排水设施。

3) 碎块草皮和有机质含量大于 8% 的土，仅用于无压实要求的填方。

4) 淤泥和淤泥质土，一般不能用作填料，但在软土或沼泽地区，经过处理含水量符合压实要求，可用于填方中的次要部位。

(2) 填土方法

填土可采用人工填土和机械填土。

人工填土一般用手推车运土，人工用锹、耙、锄等工具进行填筑，从最低部分开始由一端向另一端自下而上分层铺填。

机械填土可用推土机、铲运机或自卸汽车进行。用自卸汽车填土，需用推土机推开推平，采用机械填土时，可利用行驶的机械进行部分压实工作。填土必须分层进行，并逐层压实。特别是机械填土，不得居高临下，不分层次一次倾倒填筑。

(3) 压实方法。

填土的压实方法有碾压、夯实和振动压实等几种。碾压适用于大面积填土工程。碾压机械有平碾（压路机）、羊足碾和气胎碾。

夯实主要用于小面积填土，可以夯实黏性土或非黏性土。夯实的优点是可以压实较厚的土层。

振动压实主要用于压实非黏性土，采用的机械主要是振动压路机、平板振动器等。

（4）质量检验。

填土压实后应达到一定的密实度及含水量要求。密实度要求一般由设计根据工程结构性质、使用要求以及土的性质确定，例如建筑工程中的砌体承重结构和框架结构，在地基主要持力层范围内，压实系数（压实度）应大于 0.96，在地基主要持力层范围以下，则应在 0.93～0.96 之间。

场地平整填方检验，每层按 400～900m² 取样 1 组，且不应少于 1 组。

1.7.3 换填垫层

1. 质量目标

（1）对粉质黏土、灰土、砂石、粉煤灰垫层的施工质量可选用环刀取样、静力触探、轻型动力触探或标准贯入试验等方法进行检验；对碎石、矿渣垫层的施工质量可采用重型动力触探试验等进行检验。压实系数可采用灌砂法、灌水法或其他方法进行检验。

（2）换填垫层的施工质量检验应分层进行，并应在每层的压实系数符合设计要求后铺填上层。

（3）采用环刀法检验垫层的施工质量时，取样点应选择位于每层垫层厚度的 2/3 深度处。检验点数量，条形基础下垫层每 10～20m 不应少于 1 个点，独立柱基、单个基础下垫层不应少于 1 个点，其他基础下垫层每 50～100m² 不应少于 1 个点。采用标准贯入试验或动力触探法检验垫层的施工质量，每分层平面上检验点的间距不应大于 4m。

（4）竣工验收应采用静载荷试验检验垫层承载力，且每个单体工程不宜少于 3 个点；对于大型工程应按单体工程的数量或工程划分的面积确定检验点数。

（5）加筋垫层中土工合成材料的检验应符合下列要求：

1）土工合成材料质量应符合设计要求，外观无破损、无老化、无污染；

2）土工合成材料应可张拉、无皱折、紧贴下承层，锚固端应锚固牢靠；

3）上下层土工合成材料搭接缝应交替错开，搭接强度应满足设计要求。

注：本内容参照《建筑地基处理技术规范》（JGJ 79—2012）第 4.4.1-4.4.5 条的规定。

2. 质量保障措施

（1）垫层施工应根据不同的换填充料选择施工机械。粉质黏土、灰土垫层宜采用平碾、振动碾或羊足碾，以及蛙式夯、柴油夯。砂石垫层等宜用振动碾。粉煤灰垫层宜采用平碾、振动碾、平板振动器、蛙式夯。矿渣垫层宜采用平板振动器或平碾，也可采用振动碾。

（2）垫层的施工方法、分层铺填厚度、每层压实遍数宜通过现场试验确定。除接触下卧软土层的垫层底部应根据施工机械设备及下卧层土质条件确定厚度外，其他垫层的分层铺填厚度宜为 200～300mm。为保证分层压实质量，应控制机械碾压速度。

（3）粉质黏土和灰土垫层土料的施工含水量宜控制在 $w\%\pm2\%$ 的范围内，粉煤灰垫层的施工含水量宜控制在 $\pm4\%$ 的范围内。最优含水量 w_{op} 通过击实试验确定，也可按当地经验选取。

（4）当垫层底部存在古井、古墓、洞穴、旧基础、暗塘时，应根据建筑物对不均匀沉降的控制要求予以处理，并经检验合格后，方可铺填垫层。

（5）基坑开挖时应避免坑底土层受扰动，可保留 180～220mm 厚的土层暂不挖去，待铺填垫层前再由人工挖至设计标高。严禁扰动垫层下的软弱土层，应防止软弱垫层被践踏、受冻或受水浸泡。在碎石或卵石垫层底部宜设置厚度为 150～300mm 的砂垫层或铺一层土工织物，并应防止基坑边坡土混入垫层中。

（6）换填垫层施工时，应采取基坑排水措施。除砂垫层宜采用水撼法施工外，其余垫层施工均不得在浸水条件下进行。工程需要时应采取降低地下水位的措施。

（7）垫层底面宜设在同一标高上，如深度不同，坑底土层应挖成阶梯或斜坡搭接，并按先深后浅的顺序进行垫层施工，搭接处应夯压密实。

（8）粉质黏土、灰土垫层及粉煤灰垫层施工，应符合下列规定：

1）粉质黏土及灰土垫层分段施工时，不得在柱基、墙角及承重窗间墙下接缝；

2）垫层上下两层的缝距不得小于 500mm，且接缝处应夯压密实；

3）灰土拌和均匀后，应当日铺填夯压；灰土夯压密实后，3d 内不得受水浸泡；

4）粉煤灰垫层铺填后，宜当日压实，每层验收后应及时铺填上层或封层，并应禁止车辆碾压通行；

5）垫层施工竣工验收合格后，应及时进行基础施工与基坑回填。

（9）土工合成材料施工，应符合下列要求：

1）下铺地基土层顶面应平整；

2）土工合成材料铺设顺序应先纵向后横向，且应把土工合成材料张拉平整、绷紧，严禁有皱折；

3）土工合成材料的连接宜采用搭接法、缝接法或胶接法，接缝强度不应低于原材料抗拉强度，端部应采用有效方法固定，防止筋材拉出；

4）应避免土工合成材料暴晒或裸露，阳光暴晒时间不应大于 8h。

注：本内容参照《建筑地基处理技术规范》（JGJ 79—2012）第 4.3.1-4.3.9 条的规定。

Chapter ▶▶ 02

防水工程质量控制

2.1 严禁在防水混凝土拌合物中加水

📋《工程质量安全手册》第 3.7.1 条：

严禁在防水混凝土拌合物中加水。

📖实施细则：

1. 质量目标

防水混凝土严禁直接加水。

注：本内容参照《地下工程防水技术规范》（GB 50108—2008）第 4.1.22 条的规定。

2. 质量保证措施

随意加水将改变原有规定的水灰比，而水灰比的增大将不仅影响混凝土的强度，而且对混凝土的抗渗性影响极大，将会造成渗漏水的隐患。

防水混凝土拌合物在运输后如出现离析，必须进行二次搅拌。当坍落度损失后不能满足施工要求时，应加入原水胶比的水泥浆或掺加同品种的减水剂进行搅拌，严禁直接加水。

注：本内容参照《地下工程防水技术规范》GB 50108—2008 第 4.1.22 条的规定。

2.2 防水混凝土节点构造

📋《工程质量安全手册》第 3.7.2 条：

防水混凝土的节点构造符合设计和规范要求。

📖实施细则：

2.2.1 施工缝

1. 质量目标

（1）主控项目

1）施工缝用止水带、遇水膨胀止水条或止水胶、水泥基渗透结晶型防水涂料和预埋注浆管必须符合设计要求。

检验方法：检查产品合格证、产品性能检测报告和材料进场检验报告。

2）施工缝防水构造必须符合设计要求。

检验方法：观察检查和检查隐蔽工程验收记录。

注：本内容参照《地下防水工程质量验收规范》GB 50208—2011 第 5.1.1-5.1.2 条的规定。

（2）一般项目

1）墙体水平施工缝应留设在离出底板表面不小于 300mm 的墙体上。拱、板与墙结合的水平施工缝，宜留在拱、板与墙交接处以下 150～300mm 处；垂直施工缝应避开地下水和裂隙水较多的地段，并宜与变形缝相结合。

检验方法：观察检查和检查隐蔽工程验收记录。

2）在施工缝处继续浇筑混凝土时，已浇筑的混凝土抗压强度不应小于 1.2MPa。

检验方法：观察检查和检查隐蔽工程验收记录。

3）水平施工缝浇筑混凝土前，应将其表面浮浆和杂物清除，然后铺设净浆、涂刷混凝土界面处理剂或水泥基渗透结晶型防水涂料，再铺 30～50mm 厚的 1∶1 水泥砂浆，并及时浇筑混凝土。

检验方法：观察检查和检查隐蔽工程验收记录。

4）垂直施工缝浇筑混凝土前，应将其表面清理干净，再涂刷混凝土界面处理剂或水泥基渗透结晶型防水涂料，并及时浇筑混凝土。

检验方法：观察检查和检查隐蔽工程验收记录。

5）中埋式止水带及外贴式止水带埋设位置应准确，固定应牢靠。

检验方法：观察检查和检查隐蔽工程验收记录。

6）遇水膨胀止水条应具有缓膨胀性能，止水条与施工缝基面应密贴，中间不得有空鼓、脱离等现象；止水条应牢固地安装在缝表面或预留凹槽内；止水条采用搭接连接时，搭接宽度不得小于 30mm。

检验方法：观察检查和检查隐蔽工程验收记录。

7）遇水膨胀止水胶应采用专用注胶器挤出粘结在施工缝表面，并做到连续、均匀、饱满，无气泡和孔洞，挤出宽度及厚度应符合设计要求；止水胶挤出成形后，固化期内应采取临时保护措施；止水胶固化前不得浇筑混凝。

检验方法：观察检查和检查隐蔽工程验收记录。

8）预埋注浆管应设置在施工缝断面中部，注浆管与施工缝基面应密贴并固定牢靠，固定间距宜为 200～300mm；注浆导管与注浆管的连接应牢固、严密，导管埋入混凝土内的部分应与结构钢筋绑扎牢固，导管的末端应临时封堵严密。

检验方法：观察检查和检查隐蔽工程验收记录。

注：本内容参照《地下防水工程质量验收规范》GB 50208—2011 第 5.1.3-5.1.10 条的规定。

2. 质量保障措施

（1）施工缝的留设。

防水混凝土应连续浇筑，宜少留施工缝。当留设施工缝时，应符合下列规定：

1）墙体水平施工缝不应留在剪力最大处或底板与侧墙的交接处，应留在高出底板表面不小于300mm的墙体上。拱（板）墙结合的水平施工缝，宜留在拱（板）墙接缝线以下150～300mm处。墙体有预留孔洞时，施工缝距孔洞边缘不应小于300mm。

2）垂直施工缝应避开地下水和裂隙水较多的地段，并宜与变形缝相结合。

注：本内容参照《地下工程防水技术规范》GB 50108—2008 第4.1.24 条的规定。

（2）施工缝的防水构造。

用于施工缝的防水措施有很多种，如外贴止水带、外贴防水卷材、外涂防水涂料等，虽然造价高，但防水效果好。施工缝上敷设腻子型遇水膨胀止水条或遇水膨胀橡胶止水条的做法也较为普遍，而且随着缓胀问题的解决，此法的效果会更好。

施工缝防水构造形式宜按图2-1～图2-4选用，当采用两种以上构造措施时可进行有效组合。

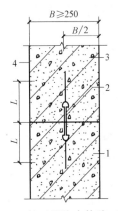

图 2-1 施工缝防水构造（一）

钢板止水带 $L \geqslant 150$；橡胶止水带
$L \geqslant 200$；钢边橡胶止水带 $L \geqslant 120$；
1—先浇混凝土；2—中埋止水带；
3—后浇混凝土；4—结构迎水面

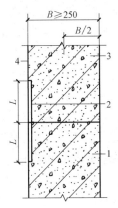

图 2-2 施工缝防水构造（二）

外贴止水带 $L \geqslant 150$；外涂防水
涂料 $L=200$；外抹防水砂浆 $L=200$；
1—先浇混凝土；2—外贴止水带；
3—后浇混凝土；4—结构迎水面

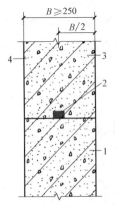

图 2-3 施工缝防水构造（三）

1—先浇混凝土；2—遇水膨胀止水条（胶）；
3—后浇混凝土；4—结构迎水面

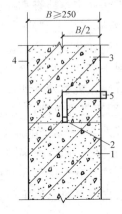

图 2-4 施工缝防水构造（四）

1—先浇混凝土；2—预埋注浆管；
3—后浇混凝土；4—结构迎水面；5—注浆导管

注：本内容参照《地下工程防水技术规范》GB 50108—2008 第 4.1.25 条的规定。

（3）先浇混凝土表面处理。

1）水平施工缝浇筑混凝土前，应将其表面浮浆和杂物清除，然后铺设净浆或涂刷混凝土界面处理剂、水泥基渗透结晶型防水涂料等材料，再铺 30～50mm 厚的 1：1 水泥砂浆，并应及时浇筑混凝土。

具体做法是，在混凝土终凝后，一般来说，夏季在混凝土浇筑后 24h，冬季则在 36～48h，具体视气温、混凝土强度等级而定，气温高、混凝土强度等级高者可短些，立即用钢丝刷将表面浮浆刷除，边刷边用水冲洗干净，并保持湿润，然后涂刷水泥基渗透结晶型防水涂料或界面处理剂，目的是使新老混凝土结合得更好。如不先铺水泥砂浆层或铺的厚度不够，将会出现工程界俗称的"烂根"现象，极易造成施工缝的渗漏水。还应注意铺水泥砂浆层或刷界面处理剂、水泥基渗透结晶型防水涂料后，应及时浇筑混凝土，若时间间隔过久，水泥砂浆已凝固，则起不到使新老混凝土紧密结合的作用，仍会留下渗漏水的隐患。

2）垂直施工缝浇筑混凝土前，应将其表面清理干净，再涂刷混凝土界面处理剂或水泥基渗透结晶型防水涂料，并应及时浇筑混凝土；施工缝凿毛也是增强新老混凝土结合力的有效方法，但在垂直施工缝中凿毛作业难度较大，不宜提倡。

注：本内容参照《地下工程防水技术规范》GB 50108—2008 第 4.1.26 条的规定。

（4）安装止水条、止水带。

1）遇水膨胀止水条（胶）应与接缝表面密贴；遇水膨胀止水条（胶），国内常用的有腻子型和制品型两种。腻子型止水条必须具有一定柔软性，与混凝土基面结合紧密，在完全包裹的状态下使用才能更好地发挥作用，达到理想的止水效果。工程实践和试验证明，腻子型止水条的硬度小于 40 度时，其柔软度方符合工程使用要求，如硬度过大，安装时与混凝土基面很难密贴，浇筑混凝土后止水条与混凝土界面间留下缝隙造成渗水隐患。

2）中埋式止水带只有位置埋设准确、固定牢固才能起到止水作用，所以，采用中埋式止水带或预埋式注浆管时，一定要定位准确、固定牢靠。当采用钢板止水带时，可制作专用的钢筋支架，将钢板止水带焊在钢筋支架上。

3）采用外贴式止水措施时，施工缝处混凝土充分干燥后进行施工。外贴式止水带一般采用粘贴法，用胶粘剂将止水带粘在混凝土迎水面上。

4）选用的遇水膨胀止水条（胶）应具有缓胀性能，7d 的净膨胀率不宜大于最终膨胀率的 60%，最终膨胀率宜大于 220%；

关于遇水膨胀止水条的缓胀性，目前有两种解决方法，一是采用自身具有缓胀性的橡胶制作，二是在遇水膨胀止水条表面涂缓胀剂。在选用遇水膨胀止水条时，可将 21d 的膨胀率视为最终膨胀率。

在完全包裹约束状态的部位，可使用腻子型的遇水膨胀止水条，腻了型的遇水膨胀止水条在水温 23±2℃和蒸馏水中测得的技术性能如表 2-1 所示。

腻子型遇水膨胀止水条技术性能　　　　　　　　　　　　　　　表 2-1

项　　目	技术指标	项　　目	技术指标
硬度（C 型微孔材料硬度计）	≤40 度	耐热性（80℃×2h）	无流淌
7d 膨胀率	≤最终膨胀的 60%	低温柔性（−20℃×2h，绕 φ10 圆棒）	无裂纹
最终膨胀率（21d）	≥220%	耐水性（浸泡 15h）	整体膨胀无碎块

注：本内容参照《地下工程防水技术规范》GB 50108—2008 第 4.1.26 条的规定。

（5）浇筑施工缝混凝土。

1）已浇筑的混凝土应达到足够的抗压强度（一般混凝土抗压强度不得小于 1.2MPa），以避免后浇混凝土施工时振动损坏已浇筑的混凝土。

2）继续浇筑混凝土前，应清除已浇混凝土表面的垃圾、松动的砂石和软弱混凝土层，用水冲洗干净，充分湿润，但不得有明水。

3）已浇混凝土表面清理干净并涂刷混凝土界面剂后，应及时浇筑混凝土。

注：本内容参照《地下工程防水技术规范》GB 50108—2008 第 4.1.26 条的规定。

2.2.2 变形缝

1. 质量目标

（1）主控项目

1）变形缝用止水带、填缝材料和密封材料必须符合设计要求。

检验方法：检查产品合格证，产品性能检测报告和材料进场检验报告。

2）变形缝防水构造必须符合设计要求。

检验方法：观察检查和检查隐蔽工程验收记录。

3）中埋式止水带埋设位置应准确，其中间空心圆环与变形线的中心线应重合。

检验方法：观察检查和检查隐蔽工程验收记录。

注：本内容参照《地下防水工程质量验收规范》GB 50208—2011 第 5.2.1-5.2.3 条的规定。

（2）一般项目

1）中埋式止水带的接缝应设在边墙较高位置上，不得设在结构转角处；接头宜采用热压焊接，接缝应平整、牢固，不得有裂口和脱胶现象。

检验方法：观察检查和检查隐蔽工程验收记录。

2）中埋式止水带在转弯处应做成圆弧形；顶板、底板内止水带应安装成盆状，并宜采用专用钢筋套或扁钢固定。

检验方法：观察检查和检查隐蔽工程验收记录。

3）外贴式止水带在变形缝与施工缝相交部位宜采用十字配件；外贴式止水带在变形缝转角部位宜采用直角配件。止水带埋设位置应准确，固定应牢靠，并与固定止水带的基层密贴，不得出现空鼓、翘边等现象。

检验方法：观察检查和检查隐蔽工程验收记录。

4）安设于结构内侧的可卸式止水带所需配件应一次配齐，转角处应做成 45°坡角，并增加紧固件的数量。

检验方法：观察检查和检查隐蔽工程验收记录。

5）嵌填密封材料的缝内两侧基面应平整、洁净、干燥，并应涂刷基层处理剂；嵌缝底部应设置背衬材料；密封材料嵌填应严密、连续、饱满，粘结牢固。

检验方法：观察检查和检查隐蔽工程验收记录。

注：本内容参照《地下防水工程质量验收规范》GB 50208—2011 第 5.2.4-5.2.8 条的规定。

（3）设计要求

1）变形缝处混凝土结构的厚度不应小于 300mm。

2）用于沉降量的变形缝最大允许沉降差值不应大于 30mm。

3）变形缝的宽度宜为 20～30mm。

4）变形缝的几种复合防水构造形式，见图 2-5～图 2-7。

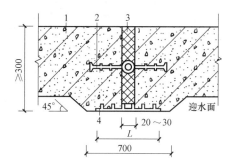

图 2-5　中埋式止水带与外贴防水层复合使用

外贴式止水带 $L \geqslant 300$

外贴防水卷材 $L \geqslant 400$

外涂防水涂层 $L \geqslant 400$

1—混凝土结构；2—中埋式止水带；

3—填缝材料；4—外贴止水带

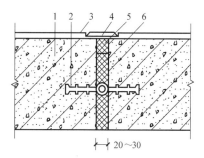

图 2-6　中埋式止水带与嵌缝材料复合使用

1—混凝土结构；2—中埋式止水带；3—防水层；

4—隔离层；5—密封材料；6—填缝材料

5）环境温度高于 50℃处的变形缝，中埋式止水带可采用金属制作（图 2-8）。

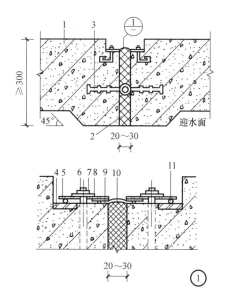

图 2-7　中埋式止水带与可卸式止水带复合使用

1—混凝土结构；2—填缝材料；3—中埋式止水带；

4—预埋钢板；5—紧固件压板；6—预埋螺栓；

7—螺母；8—垫圈；9—紧固件压块；

10—Ω型止水带；11—紧固件圆钢

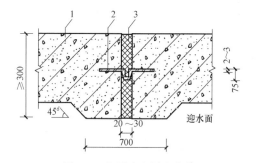

图 2-8　中埋式金属止水带

1—混凝土结构；2—金属止水带；3—填缝材料

注：本内容参照《地下工程防水技术规范》GB 50108—2008 第 5.1.3-5.1.7 条的规定。

2. 质量保障措施

（1）材料的要求。

1）变形缝用橡胶止水带的物理性能应符合表 2-2 的要求。

橡胶止水带物理性能 表 2-2

项　　目			性 能 要 求		
			B 型	S 型	J 型
硬度(邵尔 A,度)			60±5	60±5	60±5
拉伸强度(MPa)			≥15	≥12	≥10
扯断伸长率(%)			≥380	≥380	≥300
压缩永久变形	70℃×24h,%		≤35	≤35	≤25
	23℃×168h,%		≤20	≤20	≤20
撕裂强度(kN/m)			≥30	≥25	≥25
脆性温度(℃)			≤−45	≤−40	≤−40
热空气老化	70℃×168h	硬度变化(邵尔 A,度)	+8	+8	—
		拉伸强度(MPa)	≥12	≥10	—
		扯断伸长率(%)	≥300	≥300	—
	100℃×168h	硬度变化(邵尔 A,度)	—	—	+8
		拉伸强度(MPa)	—	—	≥9
		扯断伸长率(%)	—	—	≥250
橡胶与金属粘合			断面在弹性体内		

注：1. B 型适用于变形缝用止水带，S 型适用于施工缝用止水带，J 型适用于有特殊耐老化要求的接缝用止水带；
　　2. 橡胶与金属粘合指标仅适用于具有钢边的止水带。

2）密封材料应采用混凝土建筑接缝用密封胶，不同模量的建筑接缝用密封胶的物理性能应符合表 2-3 的要求。

建筑接缝用密封胶物理性能 表 2-3

项　　目			性 能 要 求			
			25(低模量)	25(高模量)	20(低模量)	20(高模量)
流动性	下垂度(N 型)	垂直(mm)	≤3			
		水平(mm)	≤3			
	流平性(S 型)		光滑平整			
挤出性(ml/min)			≥80			
弹性恢复率(%)			≥80		≥50	
拉伸模量(MPa)	23℃ −20℃		≤0.4 和≤0.6	>0.4 或>0.6	≤0.4 和≤0.6	>0.4 或>0.6
定伸粘结性			无破坏			
浸水后定伸粘结性			无破坏			
热压冷拉后粘结性			无破坏			
体积收缩率(%)			≤25			

注：体积收缩率仅适用于乳胶型和溶剂型产品。

注：本内容参照《地下工程防水技术规范》GB 50108—2008 第 5.1.8-5.1.9 的规定。

（2）施工的要求。

1）中埋式止水带施工应符合下列规定：

① 止水带埋设位置应准确，其中间空心圆环应与变形缝的中心线重合；

② 止水带应固定，顶、底板内止水带应成盆状安设；

③ 中埋式止水带先施工一侧混凝土时，其端模应支撑牢固，并应严防漏浆；

④ 止水带的接缝宜为一处，应设在边墙较高位置上，不得设在结构转角处，接头宜采用热压焊接；

⑤ 中埋式止水带在转弯处应做成圆弧形，（钢边）橡胶止水带的转角半径不应小于200mm，转角半径应随止水带的宽度增大而相应加大。

2）安设于结构内侧的可卸式止水带施工时应符合下列规定：

① 所需配件应一次配齐；

② 转角处应做成45°折角，并应增加紧固件的数量。

3）变形缝与施工缝均用外贴式止水带（中埋式）时，其相交部位宜采用十字配件（图 2-9）。变形缝用外贴式止水带的转角部位宜采用直角配件（图 2-10）。

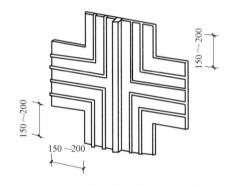

图 2-9　外贴式止水带在施工缝与
　　　变形缝相交处的十字配件

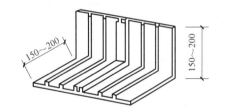

图 2-10　外贴式止水带在转角处的直角配件

4）密封材料嵌填施工时，应符合下列规定：

① 缝内两侧基面应平整干净、干燥，并应刷涂与密封材料相容的基层处理剂；

② 嵌缝底部应设置背衬材料；

③ 嵌填应密实连续、饱满，并应粘结牢固。

注：本内容参照《地下工程防水技术规范》GB 50108—2008 第 5.1.10-5.1.13 条的规定。

2.2.3 后浇带

1. 质量目标

（1）主控项目

1）后浇带用遇水膨胀止水条或止水胶、预埋注浆管、外贴式止水带必须符合设计要求。
检验方法：检查产品合格证、产品性能检测报告和材料进场检验报告。

2）补偿收缩混凝土的材料及配合比必须符合设计要求。
检验方法：检查产品合格证、产品性能检测报告、计量措施和材料进场检验报告。

3）后浇带防水构造必须符合设计要求。

检验方法；观察检查和检查隐蔽工程验收记录。

4）采用掺膨胀剂的补偿收缩混凝土，其抗压强度、抗渗性能和限制膨胀率必须符合设计要求。

检验方法：检查混凝土抗压强度、抗渗性能和水中养护 14d 后的限制膨胀率检验报告。

注：本内容参照《地下防水工程质量验收规范》GB 50208—2011 第 5.3.1-5.3.4 条的规定。

（2）一般项目

1）补偿收缩混凝土浇筑前，后浇带部位和外贴式止水带应采取保护措施。

检验方法：观察检查。

2）后浇带两侧的接缝表面应先清理干净，再涂刷混凝土界面处理剂或水泥基渗透结晶型防水涂料；后浇混凝土的浇筑时间应符合设计要求。

检验方法：观察检查和检查隐蔽工程验收记录。

3）遇水膨胀止水条、遇水膨胀止水胶、预埋注浆管的施工应符合施工缝的相关规定；外贴式止水带的施工应符合变形缝的相关规定。

检验方法：观察检查和检查隐蔽工程验收记录。

4）后浇带混凝土应一次浇筑，不得留设施工缝；混凝土浇筑后应及时养护，养护时间不得少于 28d。

检验方法：观察检查和检查隐蔽工程验收记录。

注：本内容参照《地下防水工程质量验收规范》GB 50208—2011 第 5.3.5-5.3.8 条的规定。

（3）设计要求

1）后浇带应设在受力和变形较小的部位，其间距和位置应按结构设计要求确定，宽度宜为 700～1000mm。

2）后浇带两侧可做成平直缝或阶梯缝，其防水构造形式宜采用图 2-11～图 2-13。

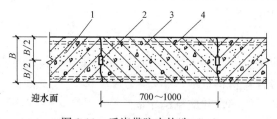

图 2-11　后浇带防水构造（一）

1—先浇混凝土；2—遇水膨胀止水条（胶）；3—结构主筋；4—后浇补偿收缩混凝土

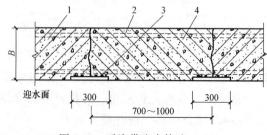

图 2-12　后浇带防水构造（二）

1—先浇混凝土；2—结构主筋；3—外贴式止水带；4—后浇补偿收缩混凝土

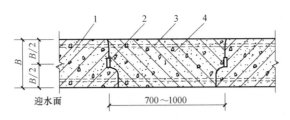

图 2-13 后浇带防水构造（三）

1—先浇混凝土；2—遇水膨胀止水条（胶）；3—结构主筋；4—后浇补偿收缩混凝土

3）采用掺膨胀剂的补偿收缩混凝土，水中养护 14d 后的限制膨胀率不应小于 0.015%，膨胀剂的掺量应根据不同部位的限制膨胀率设定值经试验确定。

注：本内容参照《地下工程防水技术规范》GB 50108—2008 第 5.2.4-5.2.6 条的规定。

2. 质量保障措施

（1）材料的要求

1）用于补偿收缩混凝土的水泥、砂、石、拌合料及外加剂、掺合料等应符合变形缝所用材料的有关规定。

2）混凝土膨胀剂的物理性能应符合表 2-4 的要求。

混凝土膨胀剂物理性能　　　　　　　　　　　　　　　　表 2-4

项　　目			性 能 指 标
细度	比表面积(m²/kg)		≥250
	0.08mm 筛余(%)		≤12
	1.25mm 筛余(%)		≤0.5
凝结时间	初凝(min)		≥45
	终凝(h)		≤10
限制膨胀率(%)	水中	7d	≥0.025
		28d	≤0.10
	空气中	21d	≥−0.020
抗压强度(MPa)	7d		≥25.0
	28d		≥45.0
抗折强度(MPa)	7d		≥4.5
	28d		≥6.5

注：本内容参照《地下工程防水技术规范》GB 50108—2008 第 5.2.1-5.2.8 条的规定。

（2）施工要求

1）后浇带应在其两侧混凝土龄期达到 42d 后再施工；高层建筑的后浇带施工应按规定时间进行。

2）补偿收缩混凝土的配合比除应符合变形缝所用补偿收缩混凝土的配合比的规定外，尚应符合下列要求：

① 膨胀剂掺量不宜大于 12%；

② 膨胀剂掺量应以胶凝材料总量的百分比表示。

3）后浇带混凝土施工前，后浇带部位和外贴式止水带应防止落入杂物和损伤外贴止水带。

4）后浇带两侧的接缝处理应符合施工缝的相关规定。

5）采用膨胀剂拌制补偿收缩混凝土时，应按配合比准确计量。

6）后浇带混凝土应一次浇筑，不得留设施工缝；混凝土浇筑后应及时养护，养护时间不得少于 28d。

7）后浇带需超前止水时，后浇带部位的混凝土应局部加厚，并应增设外贴式或中埋式止水带（图 2-14）。

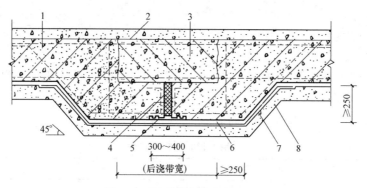

图 2-14　后浇带超前止水构造

1—混凝土结构；2—钢丝网片；3—后浇带；4—填缝材料；

5—外贴式止水带；6—细石混凝土保护层；7—卷材防水层；8—垫层混凝土

注：本内容参照《地下工程防水技术规范》GB 50108—2008 第 5.2.2/5.2.9-5.2.14 条的规定。

2.2.4 穿墙管

1. 质量目标

（1）主控项目

1）穿墙管用遇水膨胀止水条和密封材料必须符合设计要求。

检验方法：检查产品合格证、产品性能检测报告和材料进场检验报告。

2）穿墙管防水构造必须符合设计要求。

检验方法：观察检查和检查隐蔽工程验收记录。

注：本内容参照《地下防水工程质量验收规范》GB 50208—2011 第 5.4.1-5.4.2 条的规定。

（2）一般项目

1）固定式穿墙管应加焊止水环成环绕遇水膨胀止水圈，并作好防腐处理，穿墙管应在主体结构迎水面预留凹槽，槽内应用密封材料嵌填密实。

检验方法：观察检查和检查隐蔽工程验收记录。

2）套管式穿墙管的套管与止水环及翼环应连续满焊，并作好防腐处理；套管内表面应清理干净，穿墙管与套管之间应用密封材料和橡胶密封圈进行密封处理，并采用法兰盘及螺栓进行固定。

检验方法：观察检查和检查隐蔽工程验收记录。

3）穿墙盒的封口钢板与混凝土结构墙上预埋的角钢应焊严，并从钢板上的预留浇注孔注入改性沥青密封材料或细石混凝土，封填后将浇注孔口用钢板焊接封闭。

检验方法：观察检查和检查隐蔽工程验收记录。

4）当主体结构迎水面有柔性防水层时，防水层与穿墙管连接处应增设加强层。

检验方法：观察检查和检查隐蔽工程验收记录。

5）密封材料嵌填应密实、连续、饱满，粘结牢固。

检验方法：观察检查和检查隐蔽工程验收记录。

注：本内容参照《地下防水工程质量验收规范》GB 50208—2011 第 5.4.2-5.4.7 条的规定。

2. 质量保障措施

（1）穿墙管（盒）应在浇筑混凝土前预埋。

（2）穿墙管与内墙角、凹凸部位的距离应大于 250mm。

（3）结构变形或管道伸缩量较小时，穿墙管可采用主管直接埋入混凝土内的固定式防水法，主管应加焊止水环或环绕遇水膨胀止水圈，并应在迎水面预留凹槽，槽内应采用密封材料嵌填密实。

其防水构造形式宜采用图 2-15 和图 2-16。

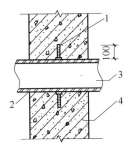

图 2-15　固定式穿墙管防水构造（一）
1—止水环；2—密封材料；
3—主管；4—混凝土结构

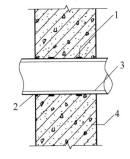

图 2-16　固定式穿墙管防水构造（二）
1—遇水膨胀止水圈；2—密封材料；
3—主管；4—混凝土结构

（4）结构变形或管道伸缩量较大或有更换要求时，应采用套管式防水法，套管应加焊止水环（图 2-17）。

（5）穿墙管防水施工时应符合下列要求：

1）金属止水环应与主管或套管满焊密实，采用套管式穿墙防水构造时，翼环与套管应满焊密实，并应在施工前将套管内表面清理干净；

2）相邻穿墙管间的间距应大于 300mm；

3）采用遇水膨胀止水圈的穿墙管，管径宜小于 50mm，止水圈应采用胶粘剂满粘固定于管上，并应涂缓胀剂或采用缓胀型遇水膨胀止水圈。

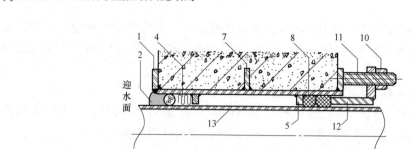

图 2-17　套管式穿墙管防水构造

1—翼环；2—密封材料；3—背衬材料；4—充填材料；

5—挡圈；6—套管；7—止水环；8—橡胶圈；9—翼盘；

10—螺母；11—双头螺栓；12—短管；13—主管；14—法兰盘

（6）穿墙管线较多时，宜相对集中，并应采用穿墙盒方法。穿墙盒的封口钢板应与墙上的预埋角钢焊严，并应从钢板上的预留浇注孔注入柔性密封材料或细石混凝土（图 2-18）。

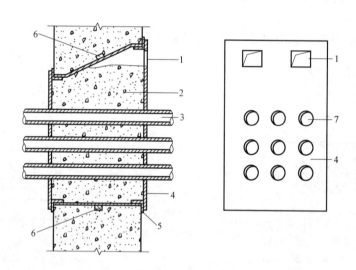

图 2-18　穿墙群管防水构造

1—浇注孔；2—柔性材料或细石混凝土；3—穿墙管；4—封口钢板；

5—固定角钢；6—遇水膨胀止水条；7—预留孔

（7）当工程有防护要求时，穿墙管除应采取防水措施外，尚应采取满足防护要求的措施。

（8）穿墙管伸出外墙的部位，应采取防止回填时将管体损坏的措施。

注：本内容参照《地下工程防水技术规范》GB 50108—2008 第 5.3.1-5.3.8 条的规定。

2.2.5 埋设件

1. 质量目标

(1) 主控项目

1) 埋设件用密封材料必须符合设计要求。

检验方法：检查产品合格证、产品性能检测报告、材料进场检验报告。

2) 埋设件防水构造必须符合设计要求。

检验方法：观察检查和检查隐蔽工程验收记录。

注：本内容参照《地下防水工程质量验收规范》GB 50208—2011 第 5.5.1-5.5.2 条的规定。

(2) 一般项目

1) 埋设件应位置准确，固定牢靠；埋设件应进行防腐处理。

检验方法：观察、尺量和手扳检查。

2) 埋设件端部或预留孔、槽底部的混凝土厚度不得小于 250mm，当混凝土厚度小于 250mm 时，应局部加厚或采取其他防水措施。

检验方法：尺量检查和检查隐蔽工程验收记录。

3) 结构迎水面的埋设件周围应预留凹槽，凹槽内应用密封材料填实。

检验方法：观察检查和检查隐蔽工程验收记录。

4) 用于固定模板的螺栓必须穿过混凝土结构时，可采用工具式螺栓或螺栓加堵头，螺栓上应加焊止水环。拆模后留下的凹槽应用密封材料封堵密实，并用聚合物水泥砂浆抹平。

检验方法：观察检查和检查隐蔽工程验收记录。

5) 预留孔、槽内的防水层应与主体防水层保持连续。

检验方法：观察检查和检查隐蔽工程验收记录。

6) 密封材料嵌填应密实、连续、饱满，粘结牢固。

检验方法：观察检查和检查隐蔽工程验收记录。

注：本内容参照《地下防水工程质量验收规范》GB 50208—2011 第 5.5.3-5.5.8 条的规定。

2. 质量保障措施

(1) 结构上的埋设件应采用预埋或预留孔（槽）等。

(2) 埋设件端部或预留孔（槽）底部的混凝土厚度不得小于 250mm，当厚度小于 250mm 时，应采取局部加厚或其他防水措施（图 2-19）。

(a) 预留槽   (b) 预留孔   (c) 预埋件

图 2-19 预埋件或预留孔（槽）处理

（3）预留孔（槽）内的防水层，宜与孔（槽）外的结构防水层保持连续。

注：本内容参照《地下工程防水技术规范》GB 50108—2008 第 5.4.1-5.4.3 条的规定。

2.2.6 预留通道接头

1. 质量目标

（1）主控项目

1）预留通道接头用中埋式止水带、遇水膨胀止水条或止水胶、预埋注浆管、密封材料和可卸式止水带必须符合设计要求。

检验方法：检查产品合格证、产品性能检测报告、材料进场检验报告。

2）预留通道接头防水构造必须符合设计要求。

检验方法：观察检查和检查隐蔽工程验收记录。

3）中埋式止水带埋设位置应准确，其中间空心圆环与通道接头中心线应重合。

检验方法：观察检查和检查隐蔽工程验收记录。

注：本内容参照《地下防水工程质量验收规范》GB 50208—2011 第 5.6.1-5.6.3 条的规定。

（2）一般项目

1）预留通道先浇混凝土结构、中埋式止水带和预埋件应及时保护，预埋件应进行防锈处理。

检验方法：观察检查。

2）遇水膨胀止水条、遇水膨胀止水胶、预埋注浆管的施工应符合施工缝的相关规定。

检验方法：观察检查和检查隐蔽工程验收记录。

3）密封材料嵌填应密实、连续、饱满，粘结牢固。

检验方法：观察检查和检查隐蔽工程验收记录。

4）用膨胀螺栓固定可卸式止水带时，止水带与紧固件压块以及止水带与基面之间应结合紧密。采用金属膨胀螺栓时，应选用不锈钢材料或进行防锈处理。

检验方法：观察检查和检查隐蔽工程验收记录。

5）预留通道接头外部应设保护墙。

注：本内容参照《地下防水工程质量验收规范》GB 50208—2011 第 5.6.4-5.6.8 条的规定。

2. 质量保障措施

（1）预留通道接头处的最大沉降差值不得大于 30mm。

（2）预留通道接头应采取变形缝防水构造形式（图 2-20、图 2-21）。

（3）预留通道接头的防水施工应符合下列规定：

1）中埋式止水带、遇水膨胀橡胶条（胶）、预埋注浆管、密封材料、可卸式止水带的施工应符合施工缝的有关规定；

2）预留通道先施工部位的混凝土、中埋式止水带和防水相关的预埋件等应及时保护，并应确保端部表面混凝土和中埋式止水带清洁，埋设件不得锈蚀；

3）采用图 2-20 的防水构造时，在接头混凝土施工前应将先浇混凝土端部表面凿毛，

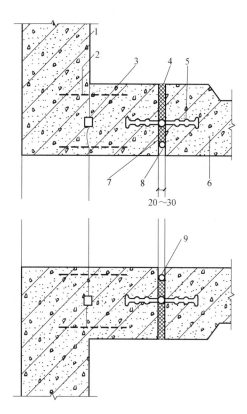

图 2-20 预留通道接头防水构造（一）

1—先浇混凝土结构；2—连接钢筋；3—遇水膨胀止水条（胶）；4—填缝材料；5—中埋式止水带；
6—后浇混凝土结构；7—遇水膨胀橡胶条（胶）；8—密封材料；9—填充材料

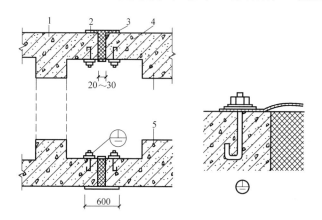

图 2-21 预留通道接头防水构造（二）

1—先浇混凝土结构；2—防水涂料；3—填缝材料；4—可卸式止水带；5—后浇混凝土结构

露出钢筋或预埋的钢筋接驳器钢板，与待浇混凝土部位的钢筋焊接或连接好后再行浇筑；

4）当先浇混凝土中未预埋可卸式止水带的预埋螺栓时，可选用金属或尼龙的膨胀螺栓固定可卸式止水带。采用金属膨胀螺栓时，可选用不锈钢材料或用金属涂膜、环氧涂料等涂层进行防锈处理。

注：本内容参照《地下工程防水技术规范》GB 50108—2008 第 5.5.1-5.5.3 条的规定。

2.2.7　桩头

1. 质量目标

（1）设计要求

桩头防水设计应符合下列规定：

1）桩头所用防水材料应具有良好的粘结性、湿固化性；

2）桩头防水材料应与垫层防水层连为一体。

注：本内容参照《地下工程防水技术规范》GB 50108—2008 第 5.6.1 条的规定。

（2）主控项目

1）桩头用聚合物水泥防水砂浆、水泥基渗透结晶型防水涂料、遇水膨胀止水条或止水胶和密封材料必须符合设计要求。

检验方法：检查产品合格证、产品性能检测报告和材料进场检验报告。

2）桩头防水构造必须符合设计要求。

检验方法：观察检查和检查隐蔽工程验收记录。

3）桩头混凝土应密实，如发现渗漏水应及时采取封堵措施。

检验方法：观察检查和检查隐蔽工程验收记录。

注：本内容参照《地下防水工程质量验收规范》GB 50208—2011 第 5.7.1-5.7.3 条的规定。

（3）一般项目

1）桩头顶面和侧面裸露处应涂刷水泥基渗透结晶型防水涂料，并延伸到结构底板垫层 150mm 处；桩头四周 300mm 范围内应抹聚合物水泥防水砂浆过渡层。

检验方法：观察检查和检查隐蔽工程验收记录。

2）结构底板防水层应做在聚合物水泥防水砂浆过渡层上并延伸至桩头侧壁，其与桩头侧壁接缝处应采用密封材料嵌填。

检验方法：观察检查和检查隐蔽工程验收记录。

3）桩头的受力钢筋根部应采用遇水膨胀止水条或止水胶，并应采取保护措施。

检验方法：观察检查和检查隐蔽工程验收记录。

4）遇水膨胀止水条、遇水膨胀止水胶的施工应符合施工缝的相关规定。

检验方法：观察检查和检查隐蔽工程验收记录。

5）密封材料嵌填应密实、连续、饱满，粘结牢固。

检验方法：观察检查和检查隐蔽工程验收记录。

注：本内容参照《地下防水工程质量验收规范》GB 50208—2011 第 5.7.4-5.7.8 条的规定。

2. 质量保障措施

（1）桩头防水施工应符合下列规定：

1）应按设计要求将桩顶剔凿至混凝土密实处，并应清洗干净；

2）破桩后如发现渗漏水，应及时采取堵漏措施；

3）涂刷水泥基渗透结晶型防水涂料时，应连续、均匀，不得少涂或漏涂，并应及时进行养护。

4）采用其他防水材料时，基面应符合施工要求。

5）应对遇水膨胀止水条（胶）进行保护。

（2）桩头防水构造形式应符合图 2-22 和图 2-23 的规定。

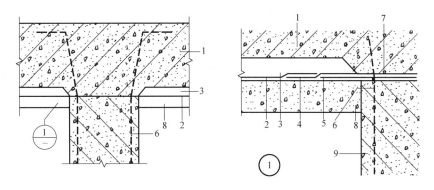

图 2-22 桩头防水构造（一）

1—结构底板；2—底板防水层；3—细石混凝土保护层；4—防水层；5—水泥基渗透结晶型防水涂料；

6—桩基受力筋；7—遇水膨胀止水条（胶）；8—混凝土垫层；9—桩基混凝土

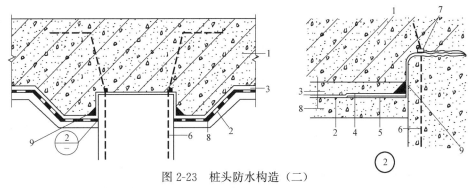

图 2-23 桩头防水构造（二）

1—结构底板；2—底板防水层；3—细石混凝土保护层；4—聚合物水泥防水砂浆；

5—水泥基渗透结晶型防水涂料；6—桩基受力筋；7—遇水膨胀止水条（胶）；8—混凝土垫层；9—密封材料

注：本内容参照《地下工程防水技术规范》GB 50108—2008 第 5.6.2 条的规定。

2.2.8 孔口

1. 质量目标

（1）主控项目

1）孔口用防水卷材、防水涂料和密封材料必须符合设计要求。

检验方法：检查产品合格证、产品性能检测报告，材料进场检验报告。

2）孔口防水构造必须符合设计要求。

检验方法，观察检查和检查隐蔽工程验收记录。

注：本内容参照《地下防水工程质量验收规范》GB 50208—2011 第 5.8.1-5.8.2 条的规定。

（2）一般项目

1）人员出入口高出地面不应小于 500mm；汽车出入口设置明沟排水时，其高出地面宜为 100mm，并应采取防雨措施。

检验方法：观察和尺量检查。

2）窗井的底部在最高地下水位以上时，窗井的墙体和底板应作防水处理，并宜与主体结构断开。窗台下部的墙体和底板应做防水层。

检验方法：观察检查和检查隐蔽工程验收记录。

3）窗井或窗井的一部分在最高地下水位以下时，窗井应与主体结构连成整体，其防水层也应连成整体，并应在窗井内设置集水井。窗台下部的墙体和底板应做防水层。

检验方法：观察检查和检查隐蔽工程验收记录。

4）窗井内的底板应低于窗下缘 300mm。窗井墙高出外地面不得小于 500mm；窗井外地面应做散水，散水与墙面间应采用密封材料嵌填。

检验方法：观察检查和尺量检查。

5）密封材料嵌填成密实、连续、饱满，粘结牢固。

检验方法：观察检查和检查隐蔽工程验收记录。

注：本内容参照《地下防水工程质量验收规范》GB 50208—2011 第 5.8.3-5.8.7 条的规定。

2. 质量保障措施

（1）地下工程通向地面的各种孔口应采取防地面水倒灌的措施。人员出入口高出地面的高度宜为 500mm，汽车出入口设置明沟排水时，其高度宜为 150mm，并应采取防雨措施。

（2）窗井的底部在最高地下水位以上时，窗井的底板和墙应做防水处理，并宜与主体结构断开（图 2-24）。

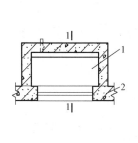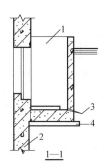

图 2-24　窗井防水构造

1—窗井；2—主体结构；3—排水管；4—垫层

（3）窗井或窗井的一部分在最高地下水位以下时，窗井应与主体结构连成整体，其防水层也应连成整体，并应在窗井内设置集水井（图 2-25）。

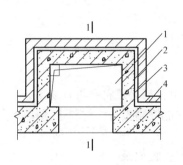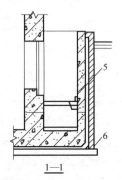

图 2-25　窗井防水构造

1—窗井；2—防水层；3—主体结构；4—防水层保护层；5—集水井；6—垫层

（4）无论地下水位高低，窗台下部的墙体和底板应做防水层。

（5）窗井内的底板，应低于窗下缘300mm。窗井墙高出地面不得小于500mm。窗井外地面应做散水，散水与墙面间应采用密封材料嵌填。

（6）通风口应与窗井同样处理，竖井窗下缘离室外地面高度不得小于500mm。

注：本内容参照《地下工程防水技术规范》GB 50108—2008 第 5.7.1-5.7.6 条的规定。

2.2.9 坑、池

1. 质量目标

（1）主控项目

1）坑、池防水混凝土的原材料、配合比及坍落度必须符合设计要求。

检验方法：检查产品合格证、产品性能检测报告、计量措施和材料进场检验报告。

2）坑、池防水构造必须符合设计要求。

检验方法：观察检查和检查隐蔽工程验收记录。

3）坑、池、储水库内部防水层完成后，应进行蓄水试验。

检验方法：观察检查和检查蓄水试验记录。

注：本内容参照《地下防水工程质量验收规范》GB 50208—2011 第 5.9.1-5.9.3 条的规定。

（2）一般项目

1）坑、池、储水库宜采用防水混凝土整体浇筑，混凝土表面应坚实、平整，不得有露筋、蜂窝和裂缝等缺陷。

检验方法：观察检查和检查隐蔽工程验收记录。

2）坑、池底板的混凝土厚度不应小于250mm；当底板的厚度小于250mm时，应采取局部加厚措施，并应使防水层保持连续。

检验方法：观察检查和检查隐蔽工程验收记录。

3）坑、池施工完后，应及时遮盖和防止杂物堵塞。

检验方法：观察检查。

注：本内容参照《地下防水工程质量验收规范》GB 50208—2011 第 5.9.4-5.9.6 条的规定。

2. 质量保障措施

（1）坑、池、储水库宜采用防水混凝土整体浇筑，内部应设防水层。受振动作用时应设柔性防水层。

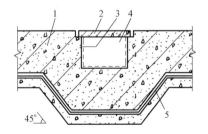

图 2-26 底板下坑、池的防水构造
1—底板；2—盖板；3—坑、池防水层；
4—坑、池；5—主体结构防水层

（2）底板以下的坑、池，其局部底板应相应降低，并应使防水层保持连续（图 2-26）。

注：本内容参照《地下工程防水技术规范》GB 50108—2008 第 5.8.1-5.8.2 条的规定。

2.3 中埋式止水带设置

📋 《工程质量安全手册》第 3.7.3 条：

中埋式止水带埋设位置符合设计和规范要求。

📖 实施细则：

2.3.1 中埋式止水带在施工缝处的设置

1. 质量目标

一般项目

中埋式止水带埋设位置应准确，固定应牢靠。

检验方法：观察检查和检查隐蔽工程验收记录。

注：本内容参照《地下防水工程质量验收规范》GB 50208—2011 第 5.1.7 条的规定。

2. 质量保证措施

中埋式止水带只有位置埋设准确、固定牢固才能起到止水作用，所以，采用中埋式止水带或预埋式注浆管时，一定要定位准确、固定牢靠。当采用钢板止水带时，可制作专用的钢筋支架，将钢板止水带焊在钢筋支架上。

中埋式止水带用于施工缝的防水效果一直不错，中埋式止水带从材质上看，有钢板和橡胶两种，从防水角度上这两种材料均可使用。防护工程中，宜采用钢板止水带，以确保工程的防护效果。目前预埋注浆管用于施工缝的防水做法应用较多，防水效果明显，但采用此种方法时要注意注浆时机，一般在混凝土浇灌 28d 后、结构装饰施工前注浆或使用过程中施工缝出现漏水时注浆更好。

2.3.2 中埋式止水带在变形缝处的设置

1. 质量目标

（1）主控项目

中埋式止水带埋设位置应准确，其中间空心圆环与变形线的中心线应重合。

检验方法：观察检查和检查隐蔽工程验收记录。

注：本内容参照《地下防水工程质量验收规范》GB 50208—2011 第 5.2.3 条的规定。

（2）一般项目

1）中埋式止水带的接缝应设在边墙较高位置上，不得设在结构转角处；接头宜采用热压焊接，接缝应平整、牢固，不得有裂口和脱胶现象。

检验方法：观察检查和检查隐蔽工程验收记录。

2）中埋式止水带在转弯处应做成圆弧形；顶板、底板内止水带应安装成盆状，并宜采用专用钢筋套或扁钢固定。

检验方法：观察检查和检查隐蔽工程验收记录。

注：本内容参照《地下防水工程质量验收规范》GB 50208—2011 第 5.2.4、5.2.5 条的规定。

2. 质量保证措施

中埋式止水带施工时常存在以下问题：

（1）埋设位置不准，严重时止水带一侧往往折至缝边，根本起不到止水的作用。中间空心圆环应与变形缝的中心线重合，过去常用铁丝固定止水带，铁丝在振捣力的作用下会变形甚至振断，其效果不佳，目前推荐使用专用钢筋套或扁钢固定。

（2）顶、底板止水带下部的混凝土不易振捣密实，气泡也不易排出，且混凝土凝固时产生的收缩易使止水带与下面的混凝土产生缝隙，从而导致变形缝漏水。因此，中埋式止水带在施工时，顶、底板内止水带安装成盆状，有利于消除上述弊端。

（3）中埋式止水带的安装，在先浇一侧混凝土时，此时端模被止水带分为两块，这给模板固定造成困难，施工时由于端模支撑不牢，不仅造成漏浆，而且也不敢按规定进行振捣，致使变形缝处的混凝土密实性较差，从而导致渗漏水。因此，止水带先施工一侧混凝土时，其端模应支撑牢固，并应严防漏浆。

（4）止水带的接缝是止水带本身的防水薄弱处，因此接缝越少越好，止水带的接缝宜为一处，应设在边墙较高位置上，不得设在结构转角处，接头宜采用热压焊接。

（5）中埋式止水带在转弯处应做成圆弧形，（钢边）橡胶止水带的转角半径不应小于200mm，转角半径应随止水带的宽度增大而相应加大。

（6）变形缝与施工缝均用外贴式止水带（中埋式）时，其相交部位宜采用十字配件（图2-27）。

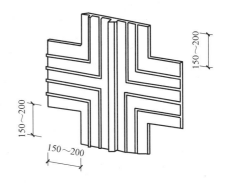

图 2-27 外贴式止水带在施工缝与变形缝相交处的十字配件

注：本内容参照《地下工程防水技术规范》GB 50108—2008 第 5.1.10、5.1.13 条的规定。

2.4 水泥砂浆防水层各层应结合牢固

📋《工程质量安全手册》第 3.7.4 条：

> 水泥砂浆防水层各层之间应结合牢固。

📖实施细则：

2.4.1 材料的要求

1. 质量目标

（1）主控项目

1）防水砂浆的原材料及配合比必须符合设计规定。

检验方法：检查产品合格证、产品性能检测报告、计量措施和材料进场检验报告。

2）防水砂浆的粘结强度和抗渗性能必须符合设计规定。

检验方法：检查砂浆粘结强度、抗渗性能检验报告。

注：本内容参照《地下防水工程质量验收规范》GB 50208—2011 第 4.2.7、4.2.8 条的规定。

（2）设计要求

水泥砂浆防水层应采用聚合物水泥防水砂浆、掺外加剂或掺合料的防水砂浆。

注：本内容参照《地下防水工程质量验收规范》GB 50208—2011 第 4.2.2 条的规定。

2. 质量保证措施

（1）水泥砂浆防水层所用的材料应符合下列规定：

1）水泥应使用普通硅酸盐水泥、硅酸盐水泥或特种水泥，不得使用过期或受潮结块的水泥；

2）砂宜采用中砂，含泥量不应大于 1.0%，硫化物及硫酸盐含量不应大于 1.0%；

3）用于拌制水泥砂浆的水，应采用不含有害物质的洁净水；

4）聚合物乳液的外观为均匀液体，无杂质、无沉淀、不分层；

5）外加剂的技术性能应符合现行国家或行业有关标准的质量要求。

注：本内容参照《地下防水工程质量验收规范》GB 50208—2011 第 4.2.3 条的规定。（与 GB 50108—2008 4.2.7 同）

（2）防水砂浆主要性能应符合表 2-5 的要求。

防水砂浆主要性能要求　　　　　　　　　　　　　　表 2-5

防水砂浆种类	粘结强度（MPa）	抗渗性（MPa）	抗折强度（MPa）	干缩率（%）	吸水率（%）	冻融循环（次）	耐碱性	耐水性（%）
掺外加剂、掺合料的防水砂浆	>0.6	≥0.8	同普通砂浆	同普通砂浆	≤3	>50	10% NaOH 溶液浸泡 14d 无变化	—
聚合物水泥防水砂浆	>1.2	≥1.5	≥8.0	≤0.15	≤4	>50	—	≥80

注：耐水性指标是指砂浆浸水 168h 后材料的粘结强度及抗渗性的保持率。

注：本内容参照《地下工程防水技术规范》GB 50108—2008 第 4.2.8 条的规定。

2.4.2 基层及防水层的施工

1. 质量目标

一般项目

（1）水泥砂浆防水应表面密实、平整，不得有裂纹、起砂、麻面等缺陷。

检验方法：观察检查。

（2）水泥砂浆防水层施工缝留槎位置应正确，接槎应按层次顺序操作，层层搭接紧密。

检验方法：观察检查和检查隐蔽工程验收记录。

（3）水泥砂浆防水层的平均厚度应符合设计要求，最小厚度不得小于设计厚度的 85%。

检验方法：用针测法检查。

（4）水泥砂浆防水层表面平整度的允许偏差应为检验方法：用 2m 靠尺和楔形塞尺

检查。

注：本内容参照《地下防水工程质量验收规范》GB 50208—2011 第 4.2.10-4.2.13 条的规定。

2. 质量保证措施

（1）基层表面应平整、坚实、清洁，并应充分湿润、无明水。

（2）基层表面的孔洞、缝隙，应采用与防水层相同的防水砂浆堵塞并抹平。

（3）施工前应将预埋件、穿墙管预留凹槽内嵌填密封材料后，再施工水泥砂浆防水层。

（4）防水砂浆的配合比和施工方法应符合所掺材料的规定，其中聚合物水泥防水砂浆的用水量应包括乳液中的含水量。

（5）水泥砂浆防水层应分层铺抹或喷射，铺抹时应压实、抹平，最后一层表面应提浆压光。

（6）聚合物水泥防水砂浆拌和后应在规定时间内用完，施工中不得任意加水。

（7）水泥砂浆防水层各层应紧密粘合，每层宜连续施工；必须留设施工缝时，应采用阶梯坡形槎，但离阴阳角处的距离不得小于 200mm。

（8）水泥砂浆防水层不得在雨天、五级及以上大风中施工。冬期施工时，气温不应低于 5℃。夏季不宜在 30℃ 以上或烈日照射下施工。

（9）水泥砂浆防水层终凝后，应及时进行养护，养护温度不宜低于 5℃，并应保持砂浆表面湿润，养护时间不得少于 14d。

聚合物水泥防水砂浆未达到硬化状态时，不得浇水养护或直接受雨水冲刷，硬化后应采用干湿交替的养护方法。潮湿环境中，可在自然条件下养护。

注：本内容参照《地下工程防水技术规范》GB 50108—2008 第 4.2.9-4.2.17 条的规定。

2.5 卷材防水层的细部做法

📋《工程质量安全手册》第 3.7.5 条：

地下室卷材防水层的细部做法符合设计要求。

📖实施细则：

2.5.1 转角处的做法

1. 质量目标
主控项目
卷材防水层在转角处的做法必须符合设计要求。
检验方法：观察检查和检查隐蔽工程验收记录。
注：本内容参照《地下防水工程质量验收规范》GB 50208—2011 第 4.3.16 条的规定。

2. 质量保证措施

(1) 在转角处应铺贴卷材加强层，转角处是地下工程防水施工中的薄弱部位，为保证防水工程质量，加强层宽度不应小于 500mm；

(2) 基层阴阳角应做成圆弧或 45°坡角，其尺寸应根据卷材品种确定；

(3) 采用外防外贴法铺贴卷材防水层时，从底面折向立面的卷材与永久性保护墙的接触部位，应采用空铺法施工。当不设保护墙时，从底面折向立面的卷材接槎部位应采取可靠的保护措施；

(4) 混凝土结构完成，铺贴立面卷材时，应先将接槎部位的各层卷材揭开，并应将其表面清理干净，如卷材有局部损伤，应及时进行修补；卷材接槎的搭接长度，高聚物改性沥青类卷材应为 150mm，合成高分子类卷材应为 100mm；当使用两层卷材时，卷材应错槎接缝，上层卷材应盖过下层卷材。卷材防水层甩槎、接槎构造见图 2-28。

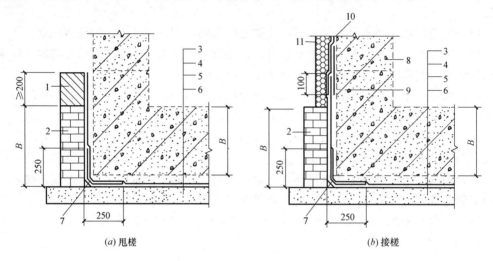

(a) 甩槎   (b) 接槎

图 2-28 卷材防水层甩槎、接槎构造

1—临时保护墙；2—永久保护墙；3—细石混凝土保护层；4—卷材防水层；
5—水泥砂浆找平层；6—混凝土垫层；7—卷材加强层；8—结构墙体；
9—卷材加强层；10—卷材防水层；11—卷材保护层

注：本内容参照《地下工程防水技术规范》GB 50108—2008 第 4.3.23 条的规定。

(5) 采用外防外贴法铺贴卷材防水层时，卷材与临时性保护墙或围护结构模板的接触部位，应将卷材临时贴附在该墙上或模板上，并应将顶端临时固定；卷材宜先铺立面，后铺平面；铺贴立面时，应先铺转角，后铺大面。

注：本内容参照《地下工程防水技术规范》GB 50108—2008 第 4.3.24 条的规定。

节点构造参考防水混凝土节点构造的相关内容。

2.5.2 变形缝、施工缝、穿墙管等部位做法

1. 质量目标

主控项目

(1) 卷材防水层在变形缝、施工缝、穿墙管等部位做法必须符合设计要求。

检验方法：观察检查和检查隐蔽工程验收记录。

注：本内容参照《地下防水工程质量验收规范》GB 50208—2011 第 4.3.16 条的规定。

（2）变形缝处表面粘贴卷材或涂刷涂料前，应在缝上设置隔离层和加强层。

检验方法：观察检查和检查隐蔽工程验收记录。

注：本内容参照《地下防水工程质量验收规范》GB 50208—2011 第 5.2.9 条的规定。

2. 质量保证措施

（1）在变形缝、施工缝、穿墙管等部位应铺贴卷材加强层，变形缝、施工缝和穿墙管等部位是地下工程防水施工中的薄弱部位，为保证防水工程质量，在这些部位增铺卷材加强层，加强层宽度不小于 500mm。

注：本内容参照《地下工程防水技术规范》GB 50108—2008 第 4.3.24 条的规定。

（2）在变形缝处，密封材料变形时的应变值大小不仅与材料变形量的绝对值大小成正比，而且与缝的原始宽度成反比，在缝上设置隔离层后，比如在缝上先放置 $\phi40\sim60mm$ 聚乙烯泡沫棒，可起到增加缝的原始宽度的作用，缝变形大小相同的情况下，材料变形的应变值大小不相同，增加了隔离层后，材料变形的应变值可以减小，使材料更能适应缝间的变形。

注：本内容参照《地下工程防水技术规范》GB 50108—2008 第 5.1.14 条的规定。

（3）采用外防外贴法铺贴卷材时，应先铺平面，后铺立面，平面卷材应铺贴至立面主体结构施工缝处，交接处应交叉搭接。

注：本内容参照《地下防水工程质量验收规范》GB 50208—2011 第 4.3.18 条的规定。

节点构造参考防水混凝土节点构造的相关内容。

2.6 涂料防水层的厚度和细部做法

📋《工程质量安全手册》第 3.7.6 条：

地下室涂料防水层的厚度和细部做法符合设计要求。

📖实施细则：

2.6.1 防水层的厚度

1. 质量目标

（1）主控项目

涂料防水层的平均厚度应符合设计要求，最小厚度不得小于设计厚度的 90%。

检验方法：用针测法检查。

注：本内容参照《地下防水工程质量验收规范》GB 50208—2011 第 4.4.8 条的规定。

（2）设计要求

掺外加剂、掺合料的水泥基防水涂料厚度不得小于 3.0mm；水泥基渗透结晶型防水涂料的用量不应小于 1.5kg/m²，且厚度不应小于 1.0mm；有机防水涂料的厚度不得小于 1.2mm。

注：本内容参照《地下工程防水技术规范》GB 50108—2008 第 4.4.6 条的规定。

2. 质量保证措施

防水涂料必须具有一定的厚度，保证其防水功能和防水层耐久性。在工程实践中，经常出现材料用量不足或涂刷不匀的缺陷，因此控制涂层的平均厚度和最小厚度是保证防水层质量的重要措施。

（1）掺外加剂、掺合料的水泥基防水涂料厚度不得小于 3.0mm；水泥基渗透结晶型防水涂料的用量不应小于 1.5kg/m²，且厚度不应小于 1.0mm；有机防水涂料的厚度不得小于 1.2mm。

注：本内容参照《地下工程防水技术规范》GB 50108—2008 第 4.4.6 条的规定。

（2）有关涂料防水层的厚度测量，建议采用下列方法：

按每处 10m² 抽取 5 个点，两点间距不小于 2.0m，计算 5 点的平均值为该处涂层平均厚度，并报告最小值；涂层平均厚度符合设计规定，且最小厚度大于或等于设计厚度的 90% 为合格标准。

注：本内容参照《地下工程防水技术规范》GB 50108—2008 第 4.4.6 条的规定。

2.6.2 防水层细部做法

1. 质量目标

主控项目

涂料防水层在转角处、变形缝、施工缝、穿墙管等部位做法必须符合设计要求。

检验方法：观察检查和检查隐蔽工程验收记录。

注：本内容参照《地下防水工程质量验收规范》GB 50208—2011 第 4.4.9 条的规定。

2. 质量保证措施

（1）穿过墙、顶、地的管根部，地漏、排水口、阴阳角、变形缝等薄弱部位，应在防水涂料大面积施工前，增加胎体增强材料并增涂防水涂料，宽度不应小于 50mm，以确保防水施工质量。

（2）基层阴阳角应做成圆弧形，阴角直径宜大于 50mm，阳角直径宜大于 10mm，在底板转角部位应增加胎体增强材料，并应增涂防水涂料。

（3）铺贴胎体增强材料时，应使胎体层充分浸透防水涂料，不得有露槎及褶皱。

（4）胎体增强材料上面涂刷涂料时，涂料应浸透胎体，覆盖完全，不得有胎体外露现象。

（5）胎体增强材料的搭接宽度不应小于 100mm，上下两层和相邻两幅胎体的接缝应错开 1/3 幅宽，且上下两层胎体不得相互垂直铺贴。

注：本内容参照《地下工程防水技术规范》GB 50108—2008 第 4.4.4 条的规定。

（6）在变形缝处，密封材料变形时的应变值大小不仅与材料变形量的绝对值大小成正比，而且与缝的原始宽度成反比，在缝上设置隔离层后，比如在缝上先放置 φ40～60mm 聚乙烯泡沫棒，可起到增加缝的原始宽度的作用，缝变形大小相同的情况下，材料变形的应变值大小不相同，增加了隔离层后，材料变形的应变值可以减小，使材料更能适应缝间的变形。

注：本内容参照《地下工程防水技术规范》GB 50108—2008 第 5.1.14 条的规定。节点构造参考防水混凝土节点构造的相关内容。

2.7　地面防水隔离层厚度

📋《工程质量安全手册》第 **3.7.7** 条：

> 地面防水隔离层的厚度符合设计要求。

📖实施细则：

1. 质量目标

一般项目

隔离层厚度应符合设计要求。

检验方法：观察检查和用钢尺、卡尺检查。

注：本内容参照《建筑地面工程施工质量验收规范》GB 50209—2010 第 4.10.14 条的规定。

2. 质量保证措施

（1）对于无地下室的住宅，地面宜采用强度等级为 C15 的混凝土作为刚性垫层，且厚度不宜小于 60mm。楼面基层宜为现浇钢筋混凝土楼板，当为预制钢筋混凝土条板时，板缝间应采用防水砂浆堵严抹平，并应沿通缝涂刷宽度不小于 300mm 的防水涂料形成防水涂膜带。

（2）混凝土找坡层最薄处的厚度不应小于 30mm；砂浆找坡层最薄处的厚度不应小于 20mm。找平层兼找坡层时，应采用强度等级为 C20 的细石混凝土；需设填充层铺设管道时，宜与找坡层合并，填充材料宜选用轻骨料混凝土。

注：本内容参照《住宅室内防水工程技术规范》JGJ 298—2013 第 5.3.2 条的规定。

（3）在对隔离层厚度进行检查时，隔离层的厚度的允许偏差不大于设计厚度的 1/10，且不大于 20mm。对于涂膜防水隔离层，其最小厚度不得小于设计厚度的 80%。

注：本内容参照《建筑地面工程施工质量验收规范》GB 50209—2010 第 4.1.7 条的规定。

2.8　地面防水隔离层排水坡度、坡向

📋《工程质量安全手册》第 **3.7.8** 条：

> 地面防水隔离层的排水坡度、坡向符合设计要求。

📖实施细则：

1. 质量目标

主控项目

防水隔离层严禁渗漏，排水的坡向应正确、排水通畅。

检验方法：观察检查和蓄水、泼水检验、坡度尺检查及检查验收记录。

注：本内容参照《建筑地面工程施工质量验收规范》GB 50209—2010 第 4.10.13 条的规定。

2. 质量保障措施

（1）基层表面应平整，不得有松动、空鼓、起沙、开裂等缺陷，含水率应符合防水材料的施工要求。

注：本内容参照《住宅装饰装修工程施工规范》GB 50327—2001 第 6.3.1 条的规定。

（2）防水层应从地面延伸到墙面，高出地面 100mm。

注：本内容参照《住宅装饰装修工程施工规范》GB 50327—2001 第 6.3.3 条的规定。

（3）砂浆防水层应与基层结合牢固，表面应平整，不得有空鼓、裂缝和麻面起砂。

注：本内容参照《住宅装饰装修工程施工规范》GB 50327—2001 第 6.3.4 条的规定。

（4）涂膜涂刷应均匀一致，不得漏刷。玻纤布的接槎应顺流水方向搭接，搭接宽度应不小于 100mm。两层以上玻纤布的防水施工，上、下搭接应错开幅宽的 1/2。

注：本内容参照《住宅装饰装修工程施工规范》GB 50327—2001 第 6.3.5 条的规定。

（5）在对防水隔离层的坡度进行检查时，其允许偏差不大于房间相应尺寸的 2/1000，且不大于 30mm。

注：本内容参照《建筑地面工程施工质量验收规范》GB 50209—2010 第 4.1.7 条的规定。

（6）检查防水隔离层应采用蓄水方法，蓄水深度最浅处不得小于 10mm，蓄水时间不得少于 24h；检查有防水要求的建筑地面的面层应采用泼水方法。

注：本内容参照《建筑地面工程施工质量验收规范》GB 50209—2010 第 3.0.24 条的规定。

2.9　地面防水隔离层细部做法

📋《工程质量安全手册》第 **3.7.9** 条：

地面防水隔离层的细部做法符合设计和规范要求。

📖实施细则：

2.9.1　转角

1. 质量目标

在转角处，防水层的细部构造应符合设计要求。

检验方法：观察检查和检查隐蔽工程验收记录。

注：本内容参照《住宅室内防水工程技术规范》JGJ 298—2013 第 7.3.2 条的规定。

2. 质量保证措施

（1）防水构造

楼、地面的防水层在门口处应水平延展，且向外延展的长度不应小于500mm，向两侧延展的宽度不应小于200mm（图2-29）。

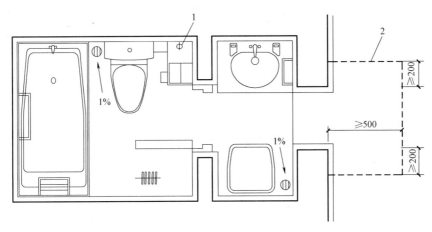

图2-29 楼、地面门口处防水层延展示意

1—穿越楼板的管道及其防水套管；2—门口处防水层延展范围

注：本内容参照《住宅室内防水工程技术规范》JGJ 298—2013 第5.4.1条的规定。

当墙面设置防潮层时，楼、地面防水层应沿墙面上翻，且至少应高出饰面层200mm。当卫生间、厨房采用轻质隔墙时，应做全防水墙面，其四周根部除门洞外，应做C20细石混凝土坎台，并应至少高出相连房间的楼、地面饰面层200mm（图2-30）。

注：本内容参照《住宅室内防水工程技术规范》JGJ 298—2013 第5.4.6条的规定。

（2）防水做法

1）基层处理

① 防水施工之前使用专用的施工工具将基层上的尘土、砂浆块、杂物、油污等清除干净；基层有凹凸不平的应采用高强度等级的水泥砂浆对低凹部位进行找平，基层有裂缝的先将裂缝剔成斜坡槽，再采用柔性密封材料、腻子型的浆料、聚合物水泥砂浆进行修补；基层有蜂窝孔洞的，应先将松散的石子剔除，用聚合物水泥砂浆修补平整。

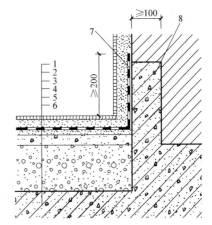

图2-30 防潮墙面的底部构造

1—楼、地面面层；2—粘结层；3—防水层；4—找平层；5—垫层或找坡层；6—钢筋混凝土楼板；7—防水层翻起高度；8—C20细石混凝土翻边

② 基层阴阳角部位涂布涂料较难，卷材铺设成直角也比较困难，根据工程实践，将阴阳角做成圆弧形，可有效保证这些部位的防水质量。

③ 基层表面不得有积水，基层的含水率应满足施工要求。

注：本内容参照《住宅室内防水工程技术规范》JGJ 298—2013 第6.2.1-6.2.5条的规定。

2）防水层施工

① 防水涂料在大面积施工前，应先在阴阳角部位做附加层，并应夹铺胎体增强材料，

附加层的宽度和厚度应符合设计要求。在靠近柱、夹铺胎体增强材料时，应使防水涂料充分浸透胎体层，不得有折皱、翘边现象。墙处应高出面层 200～300mm 铺涂。

注：本内容参照《建筑地面工程施工质量验收规范》GB 50209—2010 第 4.10.5 条的规定。

② 防水卷材应在阴阳角处应先铺设附加层，附加层材料可采用与防水层同品种的卷材或与卷材相容的涂料。

2.9.2　地漏

1. 质量目标

地漏防水层的细部构造应符合设计要求。

检验方法：观察检查和检查隐蔽工程验收记录。

注：本内容参照《住宅室内防水工程技术规范》JGJ 298—2013 第 7.3.2 条的规定。

2. 质量保障措施

（1）防水构造

1）地漏应用密封材料嵌填压实（图 2-31）。

注：本内容参照《住宅室内防水工程技术规范》JGJ 298—2013 第 5.4.3 条的规定。

2）对于同层排水的地漏，其旁通水平支管宜与下降楼板上表面处的泄水管连通，并接至增设的独立泄水立管上（图 2-32）。

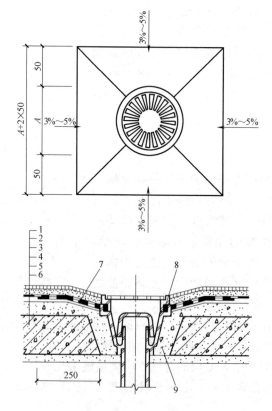

图 2-31　地漏防水构造

1—楼、地面面层；2—粘结层；3—防水层；4—找平层；5—垫层或找坡层；
6—钢筋混凝土楼板；7—防水层的附加层；8—密封膏；9—C20 细石混凝土掺聚合物填实

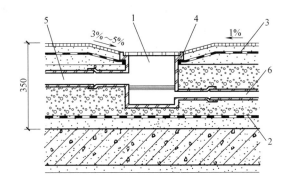

图 2-32 同层排水时的地漏防水构造

1—产品多通道地漏；2—下降的钢筋混凝土楼板基层上设防的防水层；3—设防房间装修面层下设防的防水层；
4—密封膏；5—排水支管接至排水立管；6—旁通水平支管接至增设的独立泄水立管

注：本内容参照《住宅室内防水工程技术规范》JGJ 298—2013 第 5.4.5 条的规定。

（2）防水做法

1）基层应符合设计的要求，并应通过验收。基层表面应坚实平整，无浮浆，无起砂、裂缝现象。基层表面不得有积水，基层的含水率应满足施工要求。

2）与基层相连接的地漏应安装牢固。

3）地漏与基层的交接部位，应预留宽 10mm，深 10mm 的环形凹槽，槽内应嵌填密封材料。

注：本内容参照《住宅室内防水工程技术规范》JGJ 298—2013 第 6.2.1-6.2.5 条的规定。

4）防水涂料在大面积施工前，应先在阴阳角部位施做附加层，并应夹铺胎体增强材料，附加层的宽度和厚度应符合设计要求。在靠近柱、夹铺胎体增强材料时，应使防水涂料充分浸透胎体层，不得有折皱、翘边现象。墙处，应高出面层 200～300mm 铺涂。

注：本内容参照《建筑地面工程施工质量验收规范》GB 50209—2010 第 4.10.5 条的规定。

5）防水卷材应在地漏处应先铺设附加层，附加层材料可采用与防水层同品种的卷材或与卷材相容的涂料。

注：本内容参照《住宅室内防水工程技术规范》JGJ 298—2013 第 6.4.3 条的规定。

2.9.3 穿越楼板的管道

1. 质量目标

伸出基层的管道防水层的细部构造应符合设计要求。

检验方法：观察检查和检查隐蔽工程验收记录。

注：本内容参照《住宅室内防水工程技术规范》JGJ 298—2013 第 7.3.2 条的规定。

2. 质量保障措施

（1）防水构造

1）穿越楼板的管道应设置防水套管，高度应高出装饰层完成面 20mm 以上；套管与管道间应采用防水密封材料嵌填压实（图 2-33）。

注：本内容参照《住宅室内防水工程技术规范》JGJ 298—2013 第5.4.2条的规定。

2）水平管道在下降楼板上采用同层排水措施时，楼板、楼面应做双层防水设防。对降板后可能出现的管道渗水，应有密闭措施（图2-34），且宜在贴临下降楼板上表面处设泄水管，并宜采取增设独立的泄水立管的措施。

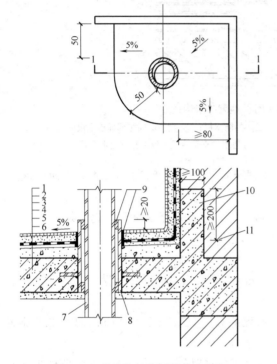

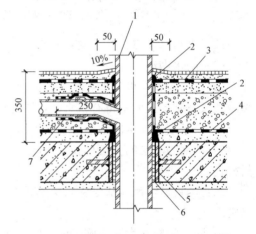

图2-33 管道穿越楼板的防水构造

1—楼、地面面层；2—粘结层；3—防水层；4—找平层；
5—垫层或找坡层；6—钢筋混凝土楼板；7—排水立管；
8—防水套管；9—密封膏；10—C20细石混凝土翻边；
11—装饰层完成面高度

图2-34 同层排水时管道穿越楼板的防水构造

1—排水立管；2—密封膏；3—设防房间
装修面层下设防的防水层；4—钢筋混凝
土楼板基层上设防的防水层；5—防水套管；
6—管壁间用填充材料塞实；7—附加层

注：本内容参照《住宅室内防水工程技术规范》JGJ 298—2013 第5.4.4条的规定。

（2）防水做法

1）基层处理

① 基层应符合设计的要求，并应通过验收。基层表面应坚实平整，无浮浆，无起砂、裂缝现象。

② 与基层相连接的各类管道应安装牢固。

③ 管根与基层的交接部位，应预留宽10mm，深10mm的环形凹槽，槽内应嵌填密封材料。

④ 基层表面不得有积水，基层的含水率应满足施工要求。

注：本内容参照《住宅室内防水工程技术规范》JGJ 298—2013 第6.2.1-6.2.5条的规定。

2）防水层施工

① 管道穿过楼板面的根部应增加铺涂附加防水、防油渗隔离层。在管道穿过楼板面四周，防水、防油渗材料应向上铺涂，并超过套管的上口。

② 防水涂料在大面积施工前，应先在阴阳角部位施做附加层，并应夹铺胎体增强材料，附加层的宽度和厚度应符合设计要求。在靠近柱、夹铺胎体增强材料时，应使防水涂料充分浸透胎体层，不得有折皱、翘边现象。墙处应高出面层 200～300mm 铺涂。

注：本内容参照《建筑地面工程施工质量验收规范》GB 50209—2010 第 4.10.5 条的规定。

③ 防水卷材应在阴阳角处应先铺设附加层，附加层材料可采用与防水层同品种的卷材或与卷材相容的涂料。

2.10 淋浴墙面的防水高度

📋《工程质量安全手册》第 3.7.10 条：

有淋浴设施的墙面的防水高度符合设计要求。

📖实施细则：

1. 质量目标

浴室墙面的防水层不得低于 1800mm。

注：本内容参照《住宅装饰装修工程施工规范》GB 50327—2001 第 6.3.3 条的规定。

2. 质量保障措施

（1）当卫生间有非封闭式洗浴设施时，花洒所在及其邻近墙面防水层高度不应小于 1.8m。

（2）有防水设防的功能房间，除应设置防水层的墙面外，其余部分墙面和顶棚均应设置防潮层。

（3）当墙面设置防潮层时，楼、地面防水层应沿墙面上翻，且至少应高出饰面层 200mm。当卫生间、厨房采用轻质隔墙时，应做全防水墙面，其四周根部除门洞外，应做 C20 细石混凝土坎台，并应至少高出相连房间的楼、地面饰面层 200mm。

注：本内容参照《住宅室内防水工程技术规范》JGJ 298—2013 第 5.3.3、5.3.4、5.4.6 条的规定。

2.11 屋面防水层厚度

📋《工程质量安全手册》第 3.7.11 条：

屋面防水层的厚度符合设计要求。

📖实施细则：

2.11.1 卷材防水层

1. 质量目标

每道卷材防水层最小厚度应符合表 2-6 的规定。

每道卷材防水层最小厚度（mm） 表2-6

防水等级	合成高分子防水卷材	高聚物改性沥青防水卷材		
		聚酯胎、玻纤胎、聚乙烯胎	自粘聚酯胎	自粘无胎
Ⅰ级	1.2	3.0	2.0	1.5
Ⅱ级	1.5	4.0	3.0	2.0

注：本内容参照《屋面工程技术规范》GB 50345—2012第4.5.5条的规定。

2. 质量保证措施

（1）基层的处理

卷材防水层基层应坚实、干净、平整，应无孔隙、起砂和裂缝。基层的干燥程度应根据所选防水卷材的特性确定。

（2）铺贴顺序和方向

1）卷材防水层施工时，应先进行细部构造处理，然后由屋面最低标高向上铺贴；

2）檐沟、天沟卷材施工时，宜顺檐沟、天沟方向铺贴，搭接缝应顺流水方向；

3）卷材宜平行屋脊铺贴，上下层卷材不得相互垂直铺贴。

（3）基层处理剂的配制与施工

1）基层处理剂应与卷材相容，尽量选择防水卷材生产厂家配套的基层处理剂；

2）在配制基层处理剂时，应根据所用基层处理剂的品种，按有关规定或说明书的配合比要求，准确计量，混合后应搅拌3～5min，使其充分均匀；

3）喷、涂基层处理剂前，应先对屋面细部进行涂刷；

4）基层处理剂可选用喷涂或涂刷施工工艺，喷、涂应均匀一致，干燥后应及时进行卷材施工，如基层处理剂涂刷后但尚未干燥前遭受雨淋，或是干燥后长期不进行防水层施工，则在防水层施工前必须再涂刷一次基层处理剂。

（4）冷粘法铺贴卷材

1）胶粘剂涂刷应均匀，不得露底、堆积；卷材空铺、点粘、条粘时，应按规定的位置及面积涂刷胶粘剂；

2）应根据胶粘剂的性能与施工环境、气温条件等，控制胶粘剂涂刷与卷材铺贴的间隔时间；

3）铺贴卷材时应排除卷材下面的空气，并应辊压粘贴牢固；

4）铺贴的卷材应平整顺直，搭接尺寸应准确，不得扭曲、皱折；搭接部位的接缝应满涂胶粘剂，辊压应粘贴牢固；

5）合成高分子卷材铺好压粘后，应将搭接部位的粘合面清理干净，并应采用与卷材配套的接缝专用胶粘剂，在搭接缝粘合面上应涂刷均匀，不得露底、堆积，应排除缝间的空气，并用辊压粘贴牢固；

6）合成高分子卷材搭接部位采用胶粘带粘结时，粘合面应清理干净，必要时可涂刷与卷材及胶粘带材性相容的基层胶粘剂，撕去胶粘带隔离纸后应及时粘合接缝部位的卷材，并应辊压粘贴牢固；低温施工时，宜采用热风机加热；

7）搭接缝口应用材性相容的密封材料封严。

（5）热粘法铺贴卷材

1）采用熔化热熔型改性沥青胶结料时，宜采用专用导热油炉加热，加热温度不应高于200℃，使用温度不宜低于180℃；

2）粘贴卷材的热熔型改性沥青胶结料厚度宜为1.0～1.5mm；

3）采用热熔型改性沥青胶结料铺贴卷材时，应随刮随滚铺，并应展平压实。

（6）热熔法铺贴卷材

1）火焰加热器的喷嘴距卷材面的距离应适中，幅宽内加热应均匀，应以卷材表面熔融至光亮黑色为度，不得过分加热卷材；厚度小于3mm的高聚物改性沥青防水卷材，严禁采用热熔法施工；

2）卷材表面沥青热熔后应立即滚铺卷材，滚铺时应排除卷材下面的空气；

3）搭接缝部位宜以溢出热熔的改性沥青胶结料为度，溢出的改性沥青胶结料宽度宜为8mm，并宜均匀顺直；当接缝处的卷材上有矿物粒或片料时，应用火焰烘烤及清除干净后再进行热熔和接缝处理；

4）铺贴卷材时应平整顺直，搭接尺寸应准确，不得扭曲。

（7）自粘法铺贴卷材

1）铺贴卷材前，基层表面应均匀涂刷基层处理剂，干燥后应及时铺贴卷材；

2）铺贴卷材时应将自粘胶底面的隔离纸完全撕净；

3）铺贴卷材时应排除卷材下面的空气，并应辊压粘贴牢固；

4）铺贴的卷材应平整顺直，搭接尺寸应准确，不得扭曲、皱折；低温施工时，立面、大坡面及搭接部位宜采用热风机加热，加热后应随即粘贴牢固；

5）搭接缝口应采用材性相容的密封材料封严。

（8）焊接法铺贴卷材

1）对热塑性卷材的搭接缝可采用单缝焊或双缝焊，焊接应严密；

2）焊接前，卷材应铺放平整、顺直，搭接尺寸应准确，焊接缝的结合面应清理干净；

3）应先焊长边搭接缝，后焊短边搭接缝；

4）应控制加热温度和时间，焊接缝不得漏焊、跳焊或焊接不牢。

（9）机械固定法铺贴卷材

1）固定件应与结构层连接牢固；

2）固定件间距应根据抗风揭试验和当地的使用环境与条件确定，并不宜大于600mm；

3）卷材防水层周边800mm范围内应满粘，卷材收头应采用金属压条钉压固定和密封处理。

2.11.2　涂膜防水层

1. 质量目标

（1）主控项目

涂膜防水层的平均厚度应符合设计要求，且最小厚度不得小于设计厚度的80%。

检验方法：针测法或取样量测。

注：本内容参照《屋面工程质量验收规范》GB 50207—2012第6.3.7条的规定。

（2）设计要求

每道涂膜防水层最小厚度应符合表2-7的规定。

每道涂膜防水层最小厚度（mm）   表 2-7

防水等级	合成高分子防水涂膜	聚合物水泥防水涂膜	高聚物改性沥青防水涂膜
Ⅰ级	1.5	1.5	2.0
Ⅱ级	2.0	2.0	3.0

注：本内容参照《屋面工程技术规范》GB 50345—2012 第 4.5.6 条的规定。

2. 质量保证措施

（1）涂膜防水层的基层处理

涂膜防水层的基层应坚实、平整、干净，应无孔隙、起砂和裂缝。基层的干燥程度应根据所选用的防水涂料特性确定；当采用溶剂型、热熔型和反应固化型防水涂料时，基层应干燥。

注：本内容参照《屋面工程技术规范》GB 50345—2012 第 5.5.1 条的规定。

（2）基层处理剂的配制与施工

1）基层处理剂应与卷材相容，尽量选择防水卷材生产厂家配套的基层处理剂；

2）在配制基层处理剂时，应根据所用基层处理剂的品种，按有关规定或说明书的配合比要求，准确计量，混合后应搅拌 3～5min，使其充分均匀；

3）喷、涂基层处理剂前，应先对屋面细部进行涂刷；

4）基层处理剂可选用喷涂或涂刷施工工艺，喷、涂应均匀一致，干燥后应及时进行卷材施工，如基层处理剂涂刷后但尚未干燥前遭受雨淋，或是干燥后长期不进行防水层施工，则在防水层施工前必须再涂刷一次基层处理剂。

注：本内容参照《屋面工程技术规范》GB 50345—2012 第 5.4.4 条的规定。

（3）涂膜防水层施工

1）防水涂料涂布时如一次涂成，涂膜层易开裂，因此，防水涂料应多遍涂布，一般为涂布三遍或三遍以上为宜，而且须待先涂的涂料干后，再涂后一遍涂料，且前后两遍涂料的涂布方向应相互垂直，最终达到规定要求厚度。

2）涂膜防水层涂布时，要求涂刮厚薄均匀、表面平整，否则会影响涂膜层的防水效果和使用年限，也会造成材料不必要的浪费。

3）涂膜间夹铺胎体增强材料时，宜边涂布边铺胎体；胎体应铺贴平整，应排除气泡，这样才能保证胎体增强材料充分被涂料浸透并粘结更好。在胎体上涂布涂料时，应使涂料浸透胎体，并应覆盖完全，不得有胎体外露现象。最上面的涂膜厚度不应小于 1.0mm。

4）节点和需铺附加层部位的施工质量至关重要，应先涂布节点和附加层，检查其质量是否符合设计要求。

5）屋面转角及立面的涂膜若一次涂成，极易产生下滑并出现流淌和堆积现象，造成涂膜厚薄不均，影响防水质量，因此，屋面转角及立面的涂膜应薄涂多遍，不得流淌和堆积。

注：本内容参照《屋面工程技术规范》GB 50345—2012 第 5.5.4 条的规定。

（4）涂膜防水层施工工艺的要求

1）水乳型及溶剂型防水涂料宜选用滚涂或喷涂施工，功效高，涂层均匀；

2）反应固化型防水涂料属于厚质防水涂料，宜选用刮涂或喷涂施工，不宜采用滚涂；

3）热熔型防水涂料宜选用刮涂施工，因为防水涂料冷却后即成膜，不适用滚涂和喷涂；

4）聚合物水泥防水涂料宜选用刮涂法施工；

5）所有防水涂料用于细部构造时，宜选用刷涂或喷涂施工。

注：本内容参照《屋面工程技术规范》GB 50345—2012 第 5.5.5 条的规定。

2.11.3 复合防水层

1. 质量目标

（1）一般项目

复合防水层的总厚度应符合设计要求。

检验方法：针测法或取样测量。

注：本内容参照《屋面工程质量验收规范》GB 50207—2012 第 6.4.8 条的规定。

（2）设计要求

复合防水层最小厚度应符合表 2-8 的规定。

复合防水层最小厚度（mm） 表 2-8

防水等级	合成高分子防水卷材＋合成高分子防水涂膜	自粘聚合物改性沥青防水卷材(无胎)＋合成高分子防水涂膜	高聚物改性沥青防水卷材＋高聚物改性沥青防水涂膜	聚乙烯丙纶卷材＋聚合物水泥防水胶结材料
Ⅰ级	1.2＋1.5	1.5＋1.5	3.0＋2.0	(0.7＋1.3)×2
Ⅱ级	1.0＋1.0	1.2＋1.0	3.0＋1.2	0.7＋1.3

注：本内容参照《屋面工程技术规范》GB 50345—2012 第 4.5.7 条的规定。

2. 质量保证措施

复合防水层的总厚度，主要包括卷材厚度、卷材胶粘剂厚度和涂膜厚度，在复合防水层中，如果防水涂料既是涂膜防水层，又是防水卷材的胶粘剂，那么涂膜厚度应给予适当增加。

卷材与涂料复合使用时，涂膜防水层宜设置在卷材防水层的下面。

注：本内容参照《屋面工程质量验收规范》GB 50207—2012 第 6.4.1 条的规定。

其他措施可参考卷材防水层和涂膜防水层的内容。

2.12 屋面防水层排水坡度、坡向

📋《工程质量安全手册》第 3.7.12 条：

屋面防水层的排水坡度、坡向符合设计要求。

📖实施细则：

2.12.1 烧结瓦、混凝土瓦屋面

1. 质量目标

烧结瓦、混凝土瓦屋面的坡度不应小于 30%。

注：本内容参照《屋面工程技术规范》GB 50345—2012 第4.8.9条的规定。

2. 质量保障措施

（1）屋面木基层应铺钉牢固、表面平整；钢筋混凝土基层的表面应平整、干净、干燥。

（2）顺水条应顺流水方向固定，间距不宜大于500mm，顺水条应铺钉牢固、平整。钉挂瓦条时应拉通线，挂瓦条的间距应根据瓦片尺寸和屋面坡长经计算确定，挂瓦条应铺钉牢固、平整，上棱应成一直线。

（3）铺设瓦屋面时，瓦片应均匀分散堆放在两坡屋面基层上，严禁集中堆放。铺瓦时，应由两坡从下向上同时对称铺设。

（4）瓦片应铺成整齐的行列，并应彼此紧密搭接，应做到瓦榫落槽、瓦脚挂牢、瓦头排齐，且无翘角和张口现象，檐口应成一直线。

（5）脊瓦搭盖间距应均匀，脊瓦与坡面瓦之间的缝隙应用聚合物水泥砂浆填实抹平，屋脊或斜脊应顺直。沿山墙一行瓦宜用聚合物水泥砂浆做出披水线。

（6）檐口第一根挂瓦条应保证瓦头出檐口50～70mm；屋脊两坡最上面的一根挂瓦条，应保证脊瓦在坡面瓦上的搭盖宽度不小于40mm；钉檐口条或封檐板时，均应高出挂瓦条20～30mm。

（7）烧结瓦、混凝土瓦屋面完工后，应避免屋面受物体冲击，严禁任意上人或堆放物件。

注：本内容参照《屋面工程技术规范》GB 50345—2012 第5.8.2-5.8.10条的规定。

2.12.2 沥青瓦、波形瓦屋面

1. 质量目标

沥青瓦、波形瓦屋面的坡度不应小于20%。

注：本内容参照《屋面工程技术规范》GB 50345—2012 第4.8.13条的规定。

2. 质量保障措施

（1）沥青瓦屋面施工

1）屋面木基层应铺钉牢固、表面平整；钢筋混凝土基层的表面应平整、干净、干燥。

2）铺设沥青瓦前，应在基层上弹出水平及垂直基准线，并应按线铺设。

3）沥青瓦应自檐口向上铺设，起始层瓦应由瓦片经切除垂片部分后制得，且起始层瓦沿檐口应平行铺设并伸出檐口10mm，再用沥青基胶结材料和基层粘结；第一层瓦应与起始层瓦叠合，但瓦切口应向下指向檐口；第二层瓦应压在第一层瓦上且露出瓦切口，但不得超过切口长度。相邻两层沥青瓦的拼缝及切口应均匀错开。

4）檐口、屋脊等屋面边沿部位的沥青瓦之间、起始层沥青瓦与基层之间，应采用沥青基胶结材料满粘牢固。

5）在沥青瓦上钉固定钉时，应将钉垂直钉入持钉层内；固定钉穿入细石混凝土持钉层的深度不应小于20mm，穿入木质持钉层的深度不应小于15mm，固定钉的钉帽不得外露在沥青瓦表面。

注：本内容参照《屋面工程技术规范》GB 50345—2012 第5.8.2、5.8.13、5.8.15、5.8.16、5.8.17条的规定。

（2）波形瓦屋面施工

1）带挂瓦条的基层应平整、牢固。

2）铺设波形瓦应在屋面上弹出水平及垂直基准线，按线铺设。

3）波形瓦的瓦钉应沿弹线固定在波峰上，檐口部位的瓦材应增加固定钉数量。

注：本内容参照《坡屋面工程技术规范》GB 50693—2011 第 8.4.2-8.4.4 条的规定。

2.12.3 金属板屋面

1. 质量目标

压型金属板采用咬口锁边连接时，屋面的排水坡度不宜小于 5%；压型金属板采用紧固件连接时，屋面的排水坡度不宜小于 10%。

注：本内容参照《屋面工程技术规范》GB 50345—2012 第 4.9.7 条的规定。

2. 质量保障措施

（1）金属板屋面施工前应根据施工图纸进行深化排版图设计。金属板铺设时，应根据金属板板型技术要求和深化设计排版图进行。

（2）金属板屋面施工测量应与主体结构测量相配合，其误差应及时调整，不得积累；施工过程中应定期对金属板的安装定位基准点进行校核。

（3）金属板的横向搭接方向宜顺主导风向；当在多维曲面上雨水可能翻越金属板板肋横流时，金属板的纵向搭接应顺流水方向。

（4）金属板铺设过程中应对金属板采取临时固定措施，当天就位的金属板材应及时连接固定。

（5）金属板安装应平整、顺滑，板面不应有施工残留物；檐口线、屋脊线应顺直，不得有起伏不平现象。

（6）金属板屋面完工后，应避免屋面受物体冲击，并不宜对金属面板进行焊接、开孔等作业，严禁任意上人或堆放物件。

注：本内容参照《屋面工程技术规范》GB 50345—2012 第 5.9.2-5.9.10 条的规定。

2.13 屋面细部的防水构造

📋《工程质量安全手册》第 3.7.13 条：

屋面细部的防水构造符合设计和规范要求。

📖实施细则：

2.13.1 檐口

1. 质量目标

（1）主控项目

1）檐口的防水构造应符合设计要求。

检验方法：观察检查。

2）檐口的排水坡度应符合设计要求；檐口部位不得有渗漏和积水现象。

检验方法：坡度尺检查和雨后观察或淋水试验。

注：本内容参照《屋面工程质量验收规范》GB 50207—2012 第8.2.1-8.2.2条的规定。

（2）一般项目

1）檐口800mm范围内的卷材应满粘。

检验方法：观察检查。

2）卷材收头应在找平层的凹槽内用金属压条钉压固定，并应用密封材料封严。

检验方法：观察检查。

3）涂膜收头应用防水涂料多遍涂刷。

检验方法：观察检查。

4）檐口端部应抹聚合物水泥砂浆，其下端应做成鹰嘴和滴水槽。

检验方法：观察检查。

注：本内容参照《屋面工程质量验收规范》GB 50207—2012 第8.2.3-8.2.6条的规定。

2．质量保证措施

（1）卷材防水屋面

檐口部位的卷材防水层收头和滴水是檐口防水处理的关键，空铺、点粘、条粘的卷材在檐口端部800mm范围内应满粘。

卷材防水层收头压入找平层的凹槽内，用金属压条钉压牢固，并应用密封材料封严。钉距宜为500～800mm，防止卷材防水层收头翘边或被风揭起。

从防水层收头向外的檐口上端、外檐至檐口下部，均应采用聚合物水泥砂浆铺抹，以提高檐口的防水能力。

由于檐口做法属于无组织排水，檐口雨水冲刷量大，为防止雨水沿檐口下端流向外墙，檐口下端应同时做鹰嘴和滴水槽（图2-35）。

注：本内容参照《屋面工程技术规范》GB 50345—2012 第4.11.6条的规定。

（2）涂膜防水屋面

涂膜防水屋面檐口的涂膜收头，应用防水涂料多遍涂刷，以提高防水层的耐雨水冲刷能力，防止防水层收头翘边或被风揭起。檐口下端应做鹰嘴和滴水槽（图2-36）。

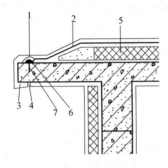

图2-35　卷材防水屋面檐口
1—密封材料；2—卷材防水层；
3—鹰嘴；4—滴水槽；5—保温层；
6—金属压条；7—水泥钉

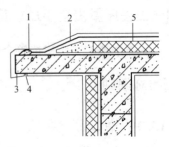

图2-36　涂膜防水屋面檐口
1—涂料多遍涂刷；2—涂膜防水层；
3—鹰嘴；4—滴水槽；5—保温层

注：本内容参照《屋面工程技术规范》GB 50345—2012 第4.11.7条的规定。

（3）瓦屋面

1）瓦屋面下部的防水层或防水垫层可设在保温层的上面或下面，并应做到檐口的端部。

2）烧结瓦、混凝土瓦屋面的瓦头，挑出檐口的长度宜为50～70mm（图2-37、图2-38），主要是防止雨水流淌到封檐板上。

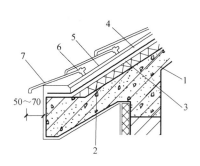

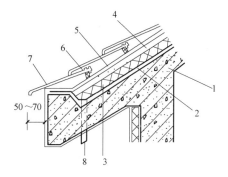

图2-37　烧结瓦、混凝土
瓦屋面檐口（一）
1—结构层；2—保温层；3—防水层或
防水垫层；4—持钉层；5—顺水条；
6—挂瓦条；7—烧结瓦或混凝土瓦

图2-38　烧结瓦、混凝土
瓦屋面檐口（二）
1—结构层；2—防水层或防水垫层；3—保温
层；4—持钉层；5—顺水条；6—挂瓦条；
7—烧结瓦或混凝土瓦；8—泄水管

3）沥青瓦屋面的瓦头，挑出檐口的长度宜为10～20mm；金属滴水板应固定在基层上，伸入沥青瓦下宽度不应小于80mm，向下延伸长度不应小于60mm（图2-39），以利于排水。

注：本内容参照《屋面工程技术规范》GB 50345—2012 第4.11.8、4.11.9条的规定。

（4）金属板屋面

为防止雨水从金属屋面板与外墙的缝隙进入室内，金属板屋面檐口挑出墙面的长度不应小于200mm；屋面板与墙板交接处应设置金属封檐板和压条（图2-40）。

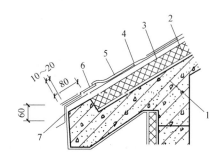

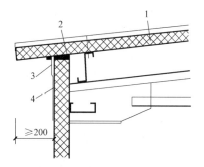

图2-39　沥青瓦屋面檐口
1—结构层；2—保温层；3—持钉层；
4—防水层或防水垫层；5—沥青瓦；
6—起始层沥青瓦；7—金属滴水板

图2-40　金属板屋面檐口
1—金属板；2—通长密封条；
3—金属压条；4—金属封檐板

注：本内容参照《屋面工程技术规范》GB 50345—2012 第4.11.10条的规定。

2.13.2 檐沟和天沟

1. 质量目标

(1) 主控项目

1) 檐沟、天沟的防水构造应符合设计要求。

检验方法：观察检查。

2) 檐沟、天沟的排水坡度应符合设计要求；沟内不得有渗漏和积水现象。

检验方法：坡度尺检查和雨后观察或淋水、蓄水试验。

注：本内容参照《屋面工程质量验收规范》GB 50207—2012 第8.3.1-8.3.2条的规定。

(2) 一般项目

1) 檐沟、天沟附加层铺设应符合设计要求。

检验方法：观察和尺量检查。

2) 檐沟防水层应由沟底上翻至外侧顶部，卷材收头应用金属压条钉压固定，并应用密封材料封严；涂膜收头应用防水涂料多遍涂刷。

检验方法：观察检查。

3) 檐沟外侧顶部及侧面均应抹聚合物水泥砂浆，其下端应做成鹰嘴或滴水槽。

检验方法：观察检查。

注：本内容参照《屋面工程质量验收规范》GB 50207—2012 第8.3.3-8.3.5条的规定。

2. 质量保证措施

(1) 卷材或涂膜防水屋面

1) 卷材或涂膜防水屋面檐沟的防水构造见图2-41。

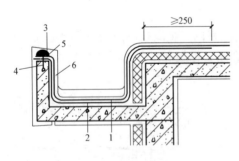

图 2-41 卷材、涂膜防水屋面檐沟
1—防水层；2—附加层；3—密封材料；
4—水泥钉；5—金属压条；6—保护层

2) 檐沟和天沟是排水最集中的部位，因此，檐沟、天沟处应增铺附加层。当主体防水层为卷材时，附加层宜选用防水涂膜，既适应较复杂的施工，又减少了密封处理的困难，形成优势互补的涂膜与卷材复合；当主体防水层为涂膜时，沟内附加层宜选用同种涂膜，但应设胎体增强材料。檐沟、天沟与屋面交接处，由于构件断面变化和屋面的变形，常在此处发生裂缝，附加层伸入屋面的宽度不应小于250mm。屋面如不设保温层，则屋面与檐沟、天沟的附加层在转角处应空铺，空铺宽度宜为200mm，以防止基层开裂造成防水层的破坏。

3) 檐沟防水层和附加层应由沟底翻上至外侧顶部，由于卷材铺贴较厚及转弯不服帖，常因卷材的弹性发生翘边脱落，因此，卷材收头应用金属压条钉压，并应用密封材料封严，涂膜收头应用防水涂料多遍涂刷。

4）从防水层收头向外的檐口上端、外檐至檐口下部，均应采用聚合物水泥砂浆铺抹，以提高檐口的防水能力。为防止沟内雨水沿檐沟外侧下端流向外墙，檐沟下端应做鹰嘴或滴水槽。

5）当檐沟外侧板高于屋面结构板时，为防止雨水口堵塞造成积水漫上屋面，应在檐沟两端设置溢水口。

6）檐沟和天沟卷材铺贴应从沟底开始，保证卷材应顺流水方向搭接。当沟底过宽，在沟底出现卷材搭接缝时，搭接缝应用密封材料密封严密，防止搭接缝受雨水浸泡出现翘边现象。

注：本内容参照《屋面工程技术规范》GB 50345—2012 第 4.11.11 条的规定。

（2）瓦屋面

1）檐沟和天沟防水层下应增设附加层，由于檐沟大都为悬挑结构，为增加内檐板上部防水层的抗裂能力，附加层应盖过内檐板，附加层伸入屋面的宽度不应小于 500mm；

2）檐沟和天沟防水层伸入瓦内的宽度不应小于 150mm，并应与屋面防水层或防水垫层顺流水方向搭接；

3）檐沟防水层和附加层应由沟底翻上至外侧顶部，卷材收头应用金属压条钉压，并应用密封材料封严；涂膜收头应用防水涂料多遍涂刷；

4）烧结瓦、混凝土瓦伸入檐沟、天沟内的长度，宜为 50～70mm；沥青瓦伸入檐沟内的长度宜为 10～20mm；

5）烧结瓦、混凝土瓦屋面檐沟的防水构造见图 2-42；

6）天沟内沥青瓦铺贴的方式有搭接式、编织式和敞开式三种。采用搭接式或编织式铺贴时，沥青瓦及其配套的防水层或防水垫层铺过天沟，因此只需在天沟内增设 1000mm 宽的附加层（图 2-43）。敞开式铺设时，天沟部位除了铺设 1000mm 宽附加层及防水层或防水垫层外，应在上部再铺设厚度不小于 0.45mm 的防锈金属板材，并与沥青瓦顺流水方向搭接，搭接缝应用沥青基胶结材料粘结，搭接宽度不应小于 100mm，保证天沟防水的可靠性。

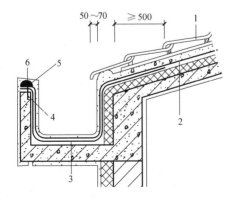

图 2-42　烧结瓦、混凝土瓦屋面檐沟
1—烧结瓦或混凝土瓦；2—防水层或防水垫层；
3—附加层；4—水泥钉；5—金属压条；6—密封材料

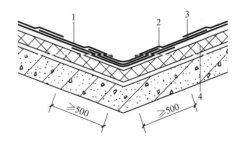

图 2-43　沥青瓦屋面天沟
1—沥青瓦；2—附加层；
3—防水层或防水垫层；4—保温层

注：本内容参照《屋面工程技术规范》GB 50345—2012 第 4.11.12-4.11.13 条的规定。

2.13.3 女儿墙和山墙

1. 质量目标

（1）主控项目

1）女儿墙和山墙的防水构造应符合设计要求。

检验方法：观察检查。

2）女儿墙和山墙的压顶向内排水坡度不应小于 5%，压顶内侧下端应做成鹰嘴或滴水槽。

检验方法：观察和坡度尺检查。

3）女儿墙和山墙的根部不得有渗漏和积水现象。

检验方法：雨后观察或淋水试验。

注：本内容参照《屋面工程质量验收规范》GB 50207—2012 第 8.4.1-8.4.3 条的规定。

（2）一般项目

1）女儿墙和山墙的泛水高度及附加层铺设应符合设计要求。

检验方法：观察和尺量检查。

2）女儿墙和山墙的卷材应满粘，卷材收头应用金属压条钉压固定，并应用密封材料封严。

检验方法：观察检查。

3）女儿墙和山墙的涂膜应直接涂刷至压顶下，涂膜收头应用防水涂料多遍涂刷。

检验方法：观察检查。

注：本内容参照《屋面工程质量验收规范》GB 50207—2012 第 8.4.4-8.4.6 条的规定。

2. 质量保证措施

（1）女儿墙防水

1）女儿墙压顶可采用混凝土或金属制品。女儿墙压顶向内排水坡度不应小于 5%，压顶内侧下端应作滴水处理；

2）女儿墙泛水处的防水层下应增设附加层，附加层在平面和立面的宽度均不应小于 250mm；

3）低女儿墙泛水处的防水层可直接铺贴或涂刷至压顶下，卷材收头用金属压条钉压固定，并应用密封材料封严；涂膜收头应用防水涂料多遍涂刷（图 2-44）；

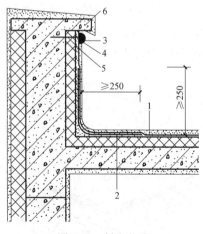

图 2-44 低女儿墙

1—防水层；2—附加层；3—密封材料；
4—金属压条；5—水泥钉；6—压顶

4）高女儿墙的卷材防水层收头可在离屋面高度 250mm 处，采用金属压条钉压固定，钉距不宜大于 800mm，再用密封材料封严，以保证收头的可靠性；泛水上部的墙体应作防水处理（图 2-45）；

5）女儿墙泛水处的防水层表面，宜采用涂刷浅色涂料或浇筑细石混凝土保护。

注：本内容参照《屋面工程技术规范》GB 50345—2012 第 4.11.14 条的规定。

（2）山墙防水

1）山墙压顶可采用混凝土或金属制品。压顶应向内排水，坡度不应小于5%，压顶内侧下端应作滴水处理；

2）山墙泛水处的防水层下应增设附加层，附加层在平面和立面的宽度均不应小于250mm；

3）烧结瓦、混凝土瓦屋面山墙泛水应采用聚合物水泥砂浆抹成，侧面瓦伸入泛水的宽度不应小于50mm（图2-46）；

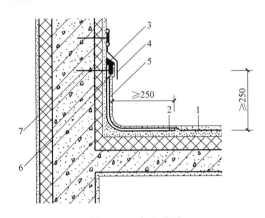

图 2-45　高女儿墙

1—防水层；2—附加层；3—密封材料；

4—金属盖板；5—保护层；6—金属压条；7—水泥钉

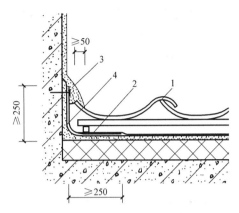

图 2-46　烧结瓦、混凝土瓦屋面山墙

1—烧结瓦或混凝土瓦；2—防水层或防水垫层；

3—聚合物水泥砂浆；4—附加层

4）沥青瓦屋面山墙泛水应采用沥青基胶粘材料满粘一层沥青瓦片，防水层和沥青瓦收头应用金属压条钉压固定，并应用密封材料封严（图2-47）；

5）金属板屋面山墙泛水应铺钉厚度不小于0.45mm的金属泛水板，并应顺流水方向搭接；金属泛水板与墙体的搭接高度不应小于250mm，与压型金属板的搭盖宽度宜为1～2波，并应在波峰处采用拉铆钉连接（图2-48）。

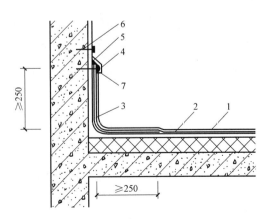

图 2-47　沥青瓦屋面山墙

1—沥青瓦；2—防水层或防水垫层；3—附加层；

4—金属盖板；5—密封材料；6—水泥钉；7—金属压条

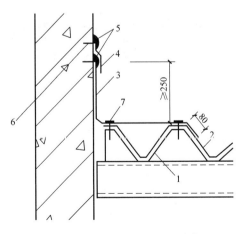

图 2-48　压型金属板屋面山墙

1—固定支架；2—压型金属板；3—金属泛水板；

4—金属盖板；5—密封材料；6—水泥钉；7—拉铆钉

注：本内容参照《屋面工程技术规范》GB 50345—2012 第 4.11.15 条的规定。

2.13.4　水落口

1. 质量目标

（1）主控项目

1）水落口的防水构造应符合设计要求。

检验方法：观察检查。

2）水落口杯上口应设在沟底的最低处；水落口处不得有渗漏和积水现象。

检验方法：雨后观察或淋水、蓄水试验。

注：本内容参照《屋面工程质量验收规范》GB 50207—2012 第 8.5.1-8.5.3 条的规定。

（2）一般项目

1）水落口的数量和位置应符合设计要求；水落口杯应安装牢固。

检验方法：观察和手扳检查。

2）水落口周围直径 500mm 范围内坡度不应小于 5%，水落口周围的附加层铺设应符合设计要求。

检验方法：观察和尺量检查。

3）防水层及附加层伸入水落口杯内不应小于 50mm，并应粘结牢固。

检验方法：观察和尺量检查。

注：本内容参照《屋面工程质量验收规范》GB 50207—2012 第 8.5.4-8.5.6 条的规定。

2. 质量保证措施

（1）重力式排水的水落口的防水构造如图 2-49、图 2-50；

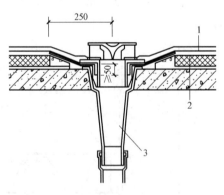 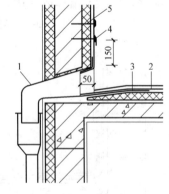

图 2-49　直式水落口

1—防水层；2—附加层；3—水落斗

图 2-50　横式水落口

1—水落斗；2—防水层；3—附加层；
4—密封材料；5—水泥钉

（2）重力式排水为传统的排水方式，水落口的材料宜采用金属制品或塑料制品；水落口的金属配件均应作防锈处理；

（3）水落口高出天沟及屋面最低处的现象一直较为普遍，究其原因是在埋设水落口或设计规定标高时，未考虑增加的附加层和排水坡度加大的尺寸。因此规定水落口杯必须设在沟底最低处，水落口埋设标高应根据附加层的厚度及排水坡度加大的尺寸确定；

（4）水落口周围 500mm 范围内坡度不应小于 5%，坡度过小，施工困难且不易找准。防水层下应增设涂膜附加层，采取防水涂料涂封，涂层厚度为 2mm，相当于屋面涂层的平均厚度，使它具有一定的防水能力；

（5）防水层和附加层伸入水落口杯内不应小于 50mm，并应粘结牢固，避免水落口处发生渗漏；

（6）虹吸式排水方式是近年新出现的排水方式，具有排水速度快、汇水面积大的特点。水落口部位的防水构造和部件都有相应的系统要求，因此设计时应根据相关的要求进行专项设计。

注：本内容参照《屋面工程技术规范》GB 50345—2012 第 4.11.16-4.11.17 条的规定。

2.13.5 变形缝

1. 质量目标

（1）主控项目

1）变形缝的防水构造应符合设计要求。

检验方法：观察检查。

2）变形缝处不得有渗漏和积水现象。

检验方法：雨后观察或淋水试验。

注：本内容参照《屋面工程质量验收规范》GB 50207—2012 第 8.6.1、8.6.2 条的规定。

（2）一般项目

1）变形缝的泛水高度及附加层铺设应符合设计要求。

检验方法：观察和尺量检查。

2）防水层应铺贴或涂刷至泛水墙的顶部。

检验方法：观察检查。

3）等高变形缝顶部宜加扣混凝土或金属盖板。混凝土盖板的接缝应用密封材料封严；金属盖板应铺钉牢固，搭接缝应顺流水方向，并应做好防锈处理。

检验方法：观察检查。

4）高低跨变形缝在高跨墙面上的防水卷材封盖和金属盖板，应用金属压条钉压固定，并应用密封材料封严。

检验方法：观察检查。

注：本内容参照《屋面工程质量验收规范》GB 50207—2012 第 8.6.3-8.6.6 条的规定。

2. 质量保证措施

（1）变形缝的防水构造应能保证防水设防具有足够的适应变形而不破坏的能力。变形缝的泛水墙高度规定是为了防止雨水漫过泛水墙，泛水墙的阴角部位应按照泛水做法要求设置附加层，附加层在平面和立面的宽度不应小于 250mm；防水层的收头应铺设或涂刷至泛水墙的顶部。

（2）变形缝中应预填不燃保温材料作为卷材的承托，在其上覆盖一层卷材并向缝中凹伸，上放圆形的衬垫材料，再铺设上层的合成高分子卷材附加层，使其形成 Ω 形覆盖。

（3）等高变形缝顶部宜加扣混凝土或金属盖板进行保护（图 2-51）；混凝土盖板的接缝应用密封材料嵌填。

（4）高低跨变形缝的附加层和防水层在高跨墙上的收头应固定牢固、密封严密；再在上部用固定牢固的金属盖板保护（图 2-52）。

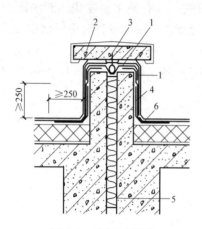

图 2-51 等高变形缝

1—卷材封盖；2—混凝土盖板；3—衬垫材料；
4—附加层；5—不燃保温材料；6—防水层

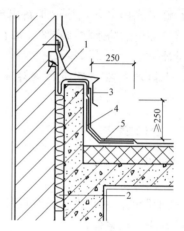

图 2-52 高低跨变形缝

1—卷材封盖；2—不燃保温材料；
3—金属盖板；4—附加层；5—防水层

注：本内容参照《屋面工程技术规范》GB 50345—2012 第 4.11.18 条的规定。

2.13.6 伸出屋面管道

1. 质量目标

（1）主控项目

1）伸出屋面管道的防水构造应符合设计要求。

检验方法：观察检查。

2）伸出屋面管道根部不得有渗漏和积水现象。

检验方法：雨后观察或淋水试验。

注：本内容参照《屋面工程质量验收规范》GB 50207—2012 第 8.7.1、8.7.2 条的规定。

（2）一般项目

1）伸出屋面管道的泛水高度及附加层铺设，应符合设计要求。

检验方法：观察和尺量检查。

2）伸出屋面管道周围的找平层应抹出高度不小于 30mm 的排水坡。

检验方法：观察和尺量检查。

3）卷材防水层收头应用金属箍固定，并应用密封材料封严；涂膜防水层收头应用防水涂料多遍涂刷。

检验方法：观察检查。

注：本内容参照《屋面工程质量验收规范》GB 50207—2012 第 8.7.3-8.7.5 条的规定。

2. 质量保证措施

（1）伸出屋面管道防水

1）伸出屋面管道的防水构造见图 2-53；

2）管道周围的找平层应抹出高度不小于 30mm 的排水坡；

3）管道泛水处的防水层下应增设附加层做增强处理，防水层应铺贴或涂刷至管道上，收头部位距屋面均不应小于 250mm；

4）管道泛水处的防水层泛水高度不应小于 250mm；

5）卷材收头应用金属箍紧固和密封材料封严，涂膜收头应用防水涂料多遍涂刷。充分体现多道设防和柔性密封的原则。

注：本内容参照《屋面工程技术规范》GB 50345—2012 第 4.11.19 条的规定。

（2）烧结瓦、混凝土瓦屋面烟囱防水

1）烧结瓦、混凝土瓦屋面烟囱的防水构造见图 2-54；

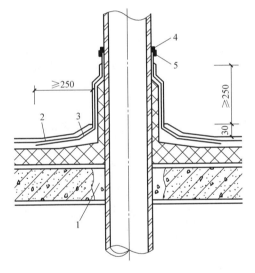

图 2-53　伸出屋面管道

1—细石混凝土；2—卷材防水层；

3—附加层；4—密封材料；5—金属箍

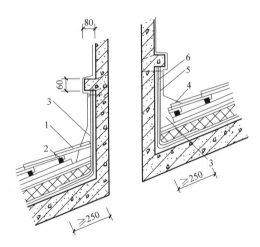

图 2-54　烧结瓦、混凝土瓦屋面烟囱

1—烧结瓦或混凝土瓦；2—挂瓦条；3—聚合物水泥砂浆；

4—分水线；5—防水层或防水垫层；6—附加层

2）由于有突出屋面结构的存在，其阴角处容易产生裂缝，防水施工也相对困难，因此，烟囱泛水处的防水层或防水垫层下应增设附加层，防水层收头采用金属压条钉压固定，附加层在平面和立面的宽度不应小于 250mm；

3）屋面烟囱泛水应采用聚合物水泥砂浆抹成；

4）为避免烟囱迎水面产生积水现象，应在迎水面中部抹出分水线，烟囱与屋面的交接处，应在迎水面中部抹出分水线，并应高出两侧各 30mm，使雨水从两侧排走。

注：本内容参照《屋面工程技术规范》GB 50345—2012 第 4.11.20 条的规定。

2.13.7 屋面出入口

1. 质量目标

（1）主控项目

1）屋面出入口的防水构造应符合设计要求。

检验方法：观察检查。

2）屋面出入口处不得有渗漏和积水现象。

检验方法：雨后观察或淋水试验。

注：本内容参照《屋面工程质量验收规范》GB 50207—2012 第 8.8.1、8.8.2 条的规定。

（2）一般项目

1）屋面垂直出入口防水层收头应压在压顶圈下，附加层铺设应符合设计要求。

检验方法：观察检查。

2）屋面水平出入口防水层收头应压在混凝土踏步下，附加层铺设和护墙应符合设计要求。

检验方法：观察检查。

3）屋面出入口的泛水高度不应小于 250mm。

检验方法：观察和尺量检查。

注：本内容参照《屋面工程质量验收规范》GB 50207—2012 第 8.8.3-8.8.5 条的规定。

2. 质量保证措施

（1）屋面垂直出入口应防止雨水从盖板下倒灌入室内，故规定泛水高度不得小于 250mm，泛水部位变形集中且难以设置保护层，故在防水层施工前应先做附加增强处理。防水层的收头于压顶圈下，使收头的防水设防可靠，不会产生翘边、开口等缺陷（图 2-55）。

（2）屋面水平出入口的设防重点是泛水和收头，屋面水平出入口泛水处应增设附加层和护墙，附加层在平面上的宽度不应小于 250mm；防水层收头应压在混凝土踏步下，收头处用密封材料封严，再用水泥砂浆保护（图 2-56）。

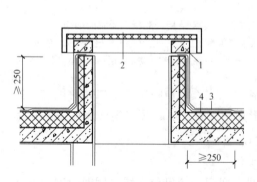

图 2-55 垂直出入口

1—混凝土压顶圈；2—上人孔盖；
3—防水层；4—附加层

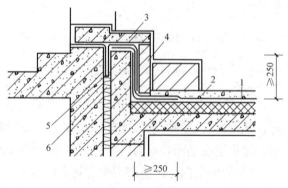

图 2-56 水平出入口

1—防水层；2—附加层；3—踏步；4—护墙；
5—防水卷材封盖；6—不燃保温材料

注：本内容参照《屋面工程技术规范》GB 50345—2012 第 4.11.21-4.11.22 条的规定。

2.13.8　反梁过水孔

1. 质量目标

(1) 主控项目

1) 反梁过水孔的防水构造应符合设计要求。

检验方法：观察检查。

2) 反梁过水孔处不得有渗漏和积水现象。

检验方法：雨后观察或淋水试验。

注：本内容参照《屋面工程质量验收规范》GB 50207—2012 第 8.9.1、8.9.2 条的规定。

(2) 一般项目

1) 反梁过水孔的孔底标高、孔洞尺寸或预埋管管径，均应符合设计要求。

检验方法：尺量检查。

2) 反梁过水孔的孔洞四周应涂刷防水涂料；预埋管道两端周围与混凝土接触处应留出凹槽，并应用密封材料封严。

检验方法：观察检查。

注：本内容参照《屋面工程质量验收规范》GB 50207—2012 第 8.9.3、8.9.4 条的规定。

2. 质量保证措施

(1) 反梁在现代建筑中越来越多，按照排水设计的要求，大部分反梁中需设置过水孔，使雨水能流向水落口及时排走。反梁过水孔的孔底标高应与两侧的檐沟底面标高一致，由于檐沟有坡度要求，因此每个过水孔的孔底标高都是不同的，施工时应预先根据结构标高、保温层厚度、找坡层厚度等计算出每个过水孔的孔底标高，再进行过水孔管的安设。

(2) 留置的过水孔宜采用预埋管道，其管径不得小于 75mm，见图 2-57。

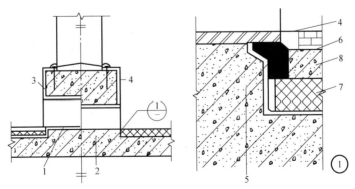

图 2-57　反梁过水孔

1—留洞（内满涂防水涂膜）；2—不锈钢管过水孔；3—满涂防水涂膜；4—聚合物水泥砂浆；
5—不锈钢管四周嵌防水密封材料；6—防水层；7—保温层；8—保护层

（3）由于预埋管道与周边混凝土的线膨胀系数不同，温度变化时管道两端周围与混凝土接触处易产生裂缝，故管道口四周应预留凹槽用密封材料封严。

注：本内容参照《屋面工程技术规范》GB 50345—2012 第 4.11.23 条的规定。

2.13.9 设施基座

1. 质量目标

（1）主控项目

1）设施基座的防水构造应符合设计要求。

检验方法：观察检查。

2）设施基座处不得有渗漏和积水现象。

检验方法：雨后观察或淋水试验。

注：本内容参照《屋面工程质量验收规范》GB 50207—2012 第 8.10.1、8.10.2 条的规定。

（2）一般项目

1）设施基座与结构层相连时，防水层应包裹设施基座的上部，并应在地脚螺栓周围做密封处理。

检验方法：观察检查。

2）设施基座直接放置在防水层上时，设施基座下部应增设附加层，必要时应在其上浇筑细石混凝土，其厚度不应小于 50mm。

检验方法：观察检查。

3）需经常维护的设施基座周围和屋面出入口至设施之间人行道，应铺设块体材料或细石混凝土保护层。

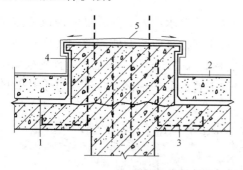

图 2-58 与结构相连的设施基座
1—防水层；2—聚合物水泥涂膜保护；3—锚筋；
4—混凝土基座；5—聚合物水泥砂浆（防水兼找坡）

检验方法：观察检查。

注：本内容参照《屋面工程质量验收规范》GB 50207—2012 第 8.10.3-8.10.5 条的规定。

2. 质量保证措施

（1）设施基座与结构相连时，防水层应包裹设施基座的上部，见图 2-58。

（2）设施基座的预埋地脚螺栓周围应做密封处理，防止地脚螺栓周围发生渗漏。

（3）搁置在防水层上的设备，有一定的质量和振动，对防水层易造成破损，因此应按常规做卷材附加层，有些质量重、支腿面积小的设备，应该做细石混凝土垫块或衬垫，其厚度不应小于 50mm，以免压坏防水层。

注：本内容参照《屋面工程技术规范》GB 50345—2012 第 4.11.24、4.11.25 条的规定。

2.13.10 屋脊

1. 质量目标

（1）主控项目

1）屋脊的防水构造应符合设计要求。

检验方法：观察检查。

2）屋脊处不得有渗漏现象。

检验方法：雨后观察或淋水试验。

注：本内容参照《屋面工程质量验收规范》GB 50207—2012 第 8.11.1、8.11.2 条的规定。

（2）一般项目

1）平脊和斜脊铺设应顺直，应无起伏现象。

检验方法：观察检查。

2）脊瓦应搭盖正确，间距应均匀，封固应严密。

检验方法：观察和手扳检查。

注：本内容参照《屋面工程质量验收规范》GB 50207—2012 第 8.11.3、8.11.4 条的规定。

2. 质量保证措施

（1）烧结瓦、混凝土瓦屋面的屋脊处应增设宽度不小于 250mm 的卷材附加层。烧结瓦或混凝土瓦屋面的脊瓦与坡面瓦之间的缝隙，一般采用聚合物水泥砂浆填实抹平，脊瓦下端距坡面瓦的高度不宜大于 80mm，脊瓦在两坡面瓦上的搭盖宽度，每边不应小于 40mm；脊瓦与坡瓦面之间的缝隙应采用聚合物水泥砂浆填实抹平（图 2-59）。

（2）沥青瓦屋面的屋脊处应增设宽度不小于 250mm 的卷材附加层。脊瓦在两坡面瓦上的搭盖宽度，每边不应小于 150mm，防止搭盖宽度过小，脊瓦易被风掀起（图 2-60）。

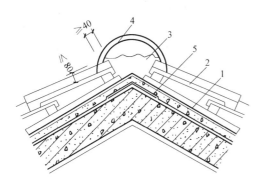

图 2-59 烧结瓦、混凝土瓦屋面屋脊
1—防水层或防水垫层；2—烧结瓦或混凝土瓦；
3—聚合物水泥砂浆；4—脊瓦；5—附加层

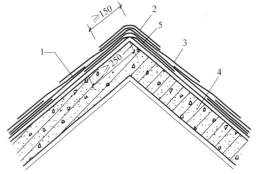

图 2-60 沥青瓦屋面屋脊
1—防水层或防水垫层；2—脊瓦；
3—沥青瓦；4—结构层；5—附加层

（3）金属板材屋面的屋脊部位应用金属屋脊盖板，屋脊盖板在两坡面金属板上的搭盖宽度每边不应小于 250mm，屋面板端头应设置挡水板和堵头板，防止施工过程中或渗漏时雨水流入金属板材内部（图 2-61）。

注：本内容参照《屋面工程技术规范》GB 50345—2012 第 4.11.26-4.11.28 条的规定。

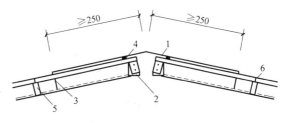

图 2-61 金属板材屋面屋脊
1—屋脊盖板；2—堵头板；3—挡水板；
4—密封材料；5—固定支架；6—固定螺栓

2.13.11　屋顶窗

1. 质量目标

（1）主控项目

1）屋顶窗的防水构造应符合设计要求。

检验方法：观察检查。

2）屋顶窗及其周围不得有渗漏现象。

检验方法：雨后观察或淋水试验。

注：本内容参照《屋面工程质量验收规范》GB 50207—2012 第 8.12.1、8.12.2 条的规定。

（2）一般项目

1）屋顶窗用金属排水板、窗框固定铁脚应与屋面连接牢固。

检验方法：观察检查。

2）屋顶窗用窗口防水卷材应铺贴平整，粘结应牢固。

检验方法：观察检查。

注：本内容参照《屋面工程质量验收规范》GB 50207—2012 第 8.12.3、8.12.4 条的规定。

2. 质量保证措施

（1）烧结瓦、混凝土瓦与屋顶窗交接处，应采用金属排水板、窗框固定铁脚、窗口附加防水卷材、支瓦条等连接（图 2-62）。

（2）沥青瓦屋面与屋顶窗交接处应采用金属排水板、窗框固定铁脚、窗口附加

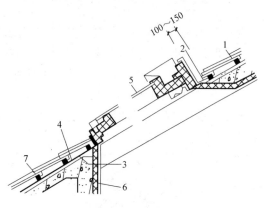

图 2-62　烧结瓦、混凝土瓦屋面屋顶窗

1—烧结瓦或混凝土瓦；2—金属排水板；
3—窗口附加防水卷材；4—防水层或防水垫层；
5—屋顶窗；6—保温层；7—支瓦条

防水卷材等与结构层连接（图 2-63）。

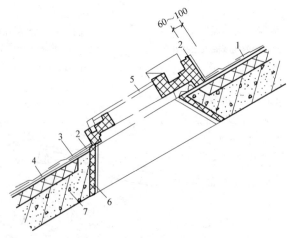

图 2-63　沥青瓦屋面屋顶窗

1—沥青瓦；2—金属排水板；3—窗口附加防水卷材；4—防水层或防水垫层；5—屋顶窗；6—保温层；7—结构层

（3）屋顶窗的窗料及金属排水板、窗框固定铁脚、窗口防水卷材等配件，可由屋顶窗的生产厂家配套供应，并按照设计要求施工。

注：本内容参照《屋面工程技术规范》GB 50345—2012 第 4.11.29、4.11.30 条的规定。

2.14 外墙节点构造防水

📋《工程质量安全手册》第 3.7.14 条：

外墙节点构造防水符合设计和规范要求。

📖实施细则：

2.14.1 变形缝

1. 质量目标

主控项目

变形缝做法应符合设计要求。

检验方法：观察；检查隐蔽工程验收记录。

注：本内容参照《建筑装饰装修工程质量验收标准》GB 50210—2018 第 5.2.2、5.3.2、5.4.2 条的规定。

2. 质量保证措施

（1）变形缝部位应增设合成高分子防水卷材附加层，合成高分子防水卷材的柔性及延伸性可以与基层很好地贴合。

（2）卷材两端应满粘于墙体，并辅之以金属压条和锚栓，满粘的宽度不应小于 150mm。

（3）卷材收头应用密封材料密封（图 2-64）。使外墙变形缝部位完全封闭，达到可靠的防水要求。

（4）变形缝可采用不锈钢板进行封盖，也可采用铝合金板、镀锌薄钢板等具有防腐蚀的金属板封盖，既有防护功能，同时具有装饰作用。

注：本内容参照《建筑外墙防水工程技术规程》JGJ/T 235—2011 第 5.3.4 条的规定。

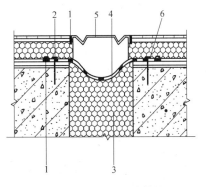

图 2-64 变形缝防水构造
1—密封材料；2—锚栓；3—衬垫材料；
4—合成高分子防水卷材（两端粘结）；
5—不锈钢板；6—压条

2.14.2 雨篷

1. 质量目标

主控项目

雨篷做法应符合设计要求。

检验方法：观察；检查隐蔽工程验收记录。

注：本内容参照《建筑装饰装修工程质量验收标准》GB 50210—2018 第 5.2.2、5.3.2、5.4.2 条的规定。

2. 质量保证措施

(1) 雨篷应设置不应小于 1% 的外排水坡度，外口下沿应做滴水线，恰当的外排水坡度，可以使篷顶的雨水向外迅速排走。

(2) 雨篷与外墙交接处的防水层应连续，在做好雨篷与外墙交界的阴角部位防水的前提下，可以较好地保证雨篷与外墙交界部位的防水。

(3) 雨篷防水层应沿外口下翻至滴水线（图 2-65）。

(4) 雨篷排水方式包括有组织排水和无组织排水，有组织排水时，排水应坡向水落口，无组织排水时，排水应坡向雨篷外檐。

注：本内容参照《建筑外墙防水工程技术规程》JGJ/T 235—2011 第 5.3.2 条的规定。

2.14.3　阳台

1. 质量目标

主控项目

阳台做法应符合设计要求。

检验方法：观察；检查隐蔽工程验收记录。

注：本内容参照《建筑装饰装修工程质量验收标准》GB 50210—2018 第 5.2.2、5.3.2、5.4.2 条的规定。

2. 质量保证措施

(1) 阳台应向水落口设置不小于 1% 的排水坡度，以利于阳台积水的排放。

(2) 水落口周边应留槽嵌填密封材料。

(3) 阳台外口下沿应做滴水线，饰面时，可在阳台下檐底边铺贴出滴水线。也可采用铝合金、不锈钢板做滴水线；图 2-66 为水泥砂浆滴水线。

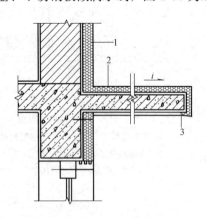 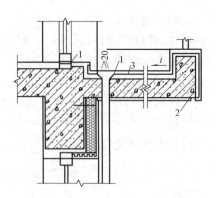

图 2-65　雨篷防水构造　　　　　图 2-66　阳台防水构造

1—外墙保温层；2—防水层；3—滴水线　　　1—密封材料；2—滴水线；3—防水层

注：本内容参照《建筑外墙防水工程技术规程》JGJ/T 235—2011 第 5.3.3 条的规定。

2.14.4 伸出外墙管道

1. 质量目标

主控项目

伸出外墙管道做法应符合设计要求。

检验方法：观察；检查隐蔽工程验收记录。

注：本内容参照《建筑装饰装修工程质量验收标准》GB 50210—2018 第 5.2.2、5.3.2、5.4.2 条的规定。

2. 质量保证措施

伸出外墙管道指空调管道、热水器管道、排油烟管道等，由于安装的需要，管道和管道孔壁间会有一定的空隙，雨水在风压作用下会飘入到空隙中，另外孔道上部顺墙流下的雨水也会浸入空隙中，进而渗入墙体中或室内。因此伸出外墙管道宜采用套管的形式，套管周边做好密封处理，并形成内高外低的坡度，坡度不应小于 5%，使雨水能向外排出。

如管道安装完成后固定不动的，可将管道和套管间的空隙用防水砂浆封堵。伸出外墙管道防水构造的图 2-67 为混凝土墙体，图 2-68 为砌筑墙体。

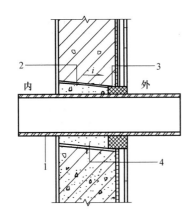

图 2-67 伸出外墙管道防水构造（一）
1—伸出外墙管道；2—套管；
3—密封材料；4—聚合物水泥防水砂浆

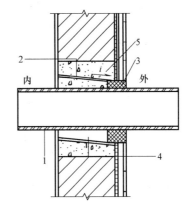

图 2-68 伸出外墙管道防水构造（二）
1—伸出外墙管道；2—套管；3—密封材料；
4—聚合物水泥防水砂浆；5—细石混凝土

注：本内容参照《建筑外墙防水工程技术规程》JGJ/T 235—2011 第 5.3.5 条的规定。

2.14.5 女儿墙压顶

1. 质量目标

主控项目

女儿墙压顶做法应符合设计要求。

检验方法：观察；检查隐蔽工程验收记录。

注：本内容参照《建筑装饰装修工程质量验收标准》GB 50210—2018 第 5.2.2、

5.3.2、5.4.2条的规定。

2. 质量保证措施

（1）女儿墙压顶宜采用现浇钢筋混凝土或金属压顶，压顶应向内找坡，坡度不应小于2%。

（2）当采用混凝土压顶时，外墙防水层应延伸至压顶内侧的滴水线部位（图2-69）。

（3）当采用金属压顶时，外墙防水层应做到压顶的顶部，金属压顶应采用专用金属配件固定（图2-70）。

（4）压顶是屋面和外墙的交界部位，是防水设计中容易疏忽的部位，由于压顶未做防水设计或者设计不合理出现的压顶渗水现象很多，无论采用哪种压顶形式，均应做好压顶的防水处理，并与屋面防水做好衔接。

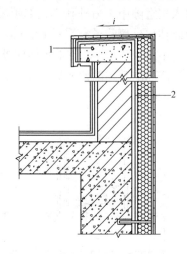

图 2-69　混凝土压顶女儿墙防水构造
1—混凝土压顶；2—防水层

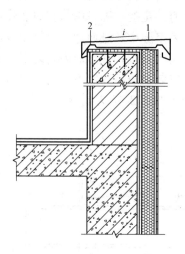

图 2-70　金属压顶女儿墙防水构造
1—金属压顶；2—金属配件

注：本内容参照《建筑外墙防水工程技术规程》JGJ/T 235—2011 第 5.3.6 条的规定。

2.14.6 外墙预埋件

1. 质量目标

主控项目

外墙预埋件做法应符合设计要求。

检验方法：观察；检查隐蔽工程验收记录。

注：本内容参照《建筑装饰装修工程质量验收标准》GB 50210—2018 第 5.2.2、5.3.2、5.4.2条的规定。

2. 质量保证措施

外墙预埋件四周应用密封材料封闭严密，密封材料与防水层应连续。

外墙落水管和外挂锚固件的防水可参照预埋件处理。由于预埋件大都具有承载作用，易产生变动，因此，后置埋件和预埋件均需作密封增强处理以保证防水的整体性。

注：本内容参照《建筑外墙防水工程技术规程》JGJ/T 235—2011 第 5.3.7 条的规定。

2.15 外窗与外墙的连接处做法

📋《工程质量安全手册》第 3.7.15 条：

> 外窗与外墙的连接处做法符合设计和规范要求。

📖实施细则：

1. 质量目标

主控项目

外窗与外墙的连接处做法应符合设计要求。

检验方法：观察；检查隐蔽工程验收记录。

注：本内容参照《建筑装饰装修工程质量验收标准》GB 50210—2018 第 5.4.2 条的规定。

2. 质量保证措施

(1) 门窗框与墙体间的缝隙宜采用聚合物水泥防水砂浆或发泡聚氨酯填充。

(2) 外墙防水层应延伸至门窗框，防水层与门窗框间应预留凹槽，并应嵌填密封材料。

(3) 门窗上楣的外口应做滴水线；滴水处理可以阻止顺墙下流的雨水浸入门窗上口。

(4) 窗台必要的外排水坡度利于防水。外窗台应设置不小于 5% 的外排水坡度（图 2-71、图 2-72）。

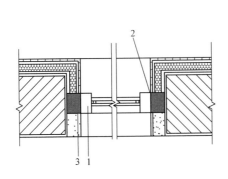

图 2-71 门窗框防水平剖面构造

1—窗框；2—密封材料；3—聚合物水泥
防水砂浆或发泡聚氨酯

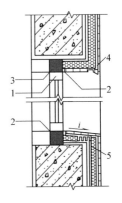

图 2-72 门窗框防水立剖面构造

1—窗框；2—密封材料；3—聚合物
水泥防水砂浆或发泡聚氨酯；4—滴
水线；5—外墙防水层

注：本内容参照《建筑外墙防水工程技术规程》JGJ/T 235—2011 第 5.3.1 条的规定。

下 篇

工程质量管理资料范例

建筑材料进场检验资料

3.0.1 材料、构配件进场检验记录

材料、构配件进场检验记录				工程名称		××工程	
				资料编号		×××	
				检验日期		××年×月×日	
序号	名称	规格型号	进场数量	生产厂家	外观检验项目	试件编号	备注
				质量证明书编号	检验结果	复验结果	
1	水泥	P·O 42.5	130t	××公司	外观检验项目质量证明文件	××××	合格
				×××	合格	合格	
2	砂	中砂	400m³	××公司	外观检验项目质量证明文件	××××	合格
				×××	合格	合格	
3	碎石	5~31.5mm	400m³	××公司	外观检验项目质量证明文件	××××	合格
				×××	合格	合格	
4	钢筋	HRB335Φ25	20.25t	××公司	外观检验项目质量证明文件	××××	合格
				×××	合格	合格	

检查意见(施工单位):
以上材料经外观检查合格,质量证明文件齐全、有效

附件:共___×___页

验收意见(监理/建设单位):

☑同意　□重新检验　□退场　　验收日期:××年×月×日

签字栏	施工单位	××建设集团有限公司	专业质检员	专业工长	检验员
			×××	×××	×××
	监理或建设单位	××工程建设监理有限公司	专业工程师		×××

110

3.0.2　钢材试验报告

<table>
<tr><td colspan="3" rowspan="3"> 钢材试验报告
表 C4-6 </td><td>资料编号</td><td>01—06—C4—×××</td></tr>
<tr><td>试验编号</td><td>GJ 2011—1023</td></tr>
<tr><td>委托编号</td><td>2011—02150</td></tr>
<tr><td>工程名称</td><td colspan="3">××综合楼工程　基础反梁、地下一层柱</td><td>试件编号</td><td>钢筋 015</td></tr>
<tr><td>委托单位</td><td colspan="3">××建设集团有限公司××项目部</td><td>试验委托人</td><td>××</td></tr>
<tr><td>钢材种类</td><td>热轧带肋</td><td>规格或牌号</td><td>HRB 335</td><td>生产厂</td><td>××钢铁集团有限公司</td></tr>
<tr><td>代表数量</td><td>20.25t</td><td>来样日期</td><td>××年×月×日</td><td>试验日期</td><td>××年×月×日</td></tr>
<tr><td>公称直径（厚度）
（mm）</td><td colspan="4" align="center">25mm</td><td>公称面积
（mm²）</td><td>490.9mm²</td></tr>
</table>

<table>
<tr><td rowspan="11">试验结果</td><td colspan="5" align="center">力学性能试验结果</td><td colspan="3" align="center">弯曲性能试验结果</td></tr>
<tr><td>屈服点
（MPa）</td><td>抗拉强度
（MPa）</td><td>伸长率
％</td><td>σ_b/σ_s</td><td>σ_s/σ_b</td><td>弯心直径</td><td>角　度</td><td>结　果</td></tr>
<tr><td>380</td><td>580</td><td>30</td><td>1.53</td><td>1.13</td><td>75</td><td>180</td><td>合　格</td></tr>
<tr><td>375</td><td>570</td><td>31</td><td>1.52</td><td>1.12</td><td>75</td><td>180</td><td>合　格</td></tr>
<tr><td></td><td></td><td></td><td></td><td></td><td></td><td></td><td></td></tr>
<tr><td></td><td></td><td></td><td></td><td></td><td></td><td></td><td></td></tr>
<tr><td colspan="5" align="center">化学分析</td><td colspan="3" rowspan="5">其他：</td></tr>
<tr><td rowspan="2">分析编号</td><td colspan="4" align="center">化学成分（％）</td></tr>
<tr><td>C</td><td>Si</td><td>Mn</td><td>P</td><td>S</td><td>C_{eq}</td></tr>
<tr><td></td><td></td><td></td><td></td><td></td><td></td></tr>
<tr><td></td><td></td><td></td><td></td><td></td><td></td></tr>
</table>

<table>
<tr><td colspan="8">结论：
　　依据《钢筋混凝土用钢　第 2 部分：热轧带肋钢筋》(GB 1499.2—2007/XG1—2009)标准，符合热轧带肋钢筋 HRB 335 要求。</td></tr>
<tr><td>批　准</td><td>×××</td><td>审　核</td><td>×××</td><td>试　验</td><td>×××</td></tr>
<tr><td>试验单位</td><td colspan="5" align="center">××工程检测试验有限公司</td></tr>
<tr><td>报告日期</td><td colspan="5" align="center">××年×月×日</td></tr>
</table>

本表由检测机构提供。

3.0.3 水泥试验报告

<table>
<tr><td rowspan="3" colspan="2" style="text-align:center">水泥试验报告
表C4-7</td><td>资料编号</td><td>01—07—C4—×××</td></tr>
<tr><td>试验编号</td><td>SN09-0166</td></tr>
<tr><td>委托编号</td><td>2009-06379</td></tr>
<tr><td colspan="2">工程名称</td><td colspan="2">××综合楼工程　地下室砌体结构</td><td>试件编号</td><td>水泥—001</td></tr>
<tr><td colspan="2">委托单位</td><td colspan="2">××建设集团有限公司××项目部</td><td>试验委托人</td><td>×××</td></tr>
<tr><td colspan="2">品种及
强度等级</td><td>P·O 42.5</td><td>出厂编号
及日期</td><td colspan="2">××××
××年×月×日</td><td>厂别牌号</td><td>丰润水泥厂燕山</td></tr>
<tr><td colspan="2">代表数量</td><td>200t</td><td>来样日期</td><td colspan="2">××年×月×日</td><td>试验日期</td><td>××年×月×日</td></tr>
</table>

一、细度	1. 80μm方孔筛余量（％）	/	％
	2. 比表面积（m²/kg）	/	m²/kg
二、标准稠度用水量(P)(％)		25.6％	
三、凝结时间	初凝	1h37min	终凝	3h4min
四、安定性	雷氏法	/ mm	试饼法	合格
五、其他	/		

六、强度（MPa）

抗折强度		抗压强度	
3天	28天	3天	28天
单块值	平均值	单块值	平均值	单块值	平均值	单块值	平均值

抗折 3天 单块值	抗折 3天 平均值	抗折 28天 单块值	抗折 28天 平均值	抗压 3天 单块值	抗压 3天 平均值	抗压 28天 单块值	抗压 28天 平均值
4.0		8.2		17.2		41.7	
				17.3		40.3	
3.8	3.8	7.3	8.5	16.8	17.2	41.6	40.7
				16.7		40.5	
3.7		8.9		17.6		39.2	
				17.6		41.1	

结论：
　依据 GB 175—2007/XG1—2009 标准，所检项目符合 P·O 42.5 水泥的要求。

批　准	×××	审　核	×××	试　验	×××
试验单位	××工程检测试验有限公司				
报告日期	××年×月×日				

本表由检测机构提供。

3.0.4 砂试验报告

砂试验报告

委托单位：××建设集团有限公司　　　　　　　　　　　　　试验编号：×××

工程名称	××办公楼工程			委托日期	2015 年 6 月 15 日
砂 种 类	中砂			报告日期	2015 年 6 月 19 日
产 地	××砂石厂	代表批量	600t	检验类别	委托
检验项目	标准要求	实测结果	检验项目	标准要求	实测结果
表观密度(kg/m³)	—	—	石粉含量(%)	—	—
堆积密度(kg/m³)	—	—	氯盐含量(%)	—	—
紧密密度(kg/m³)	—	—	含水率(%)	—	—
含泥量(%)	<3.0	1.4	吸水率(%)	—	—
泥块含量(%)	<1.0	0.6	云母含量(%)	—	—
硫酸盐硫化物(%)	—	—	空隙率(%)	—	—
轻物质含量(%)	—	—	坚固性	—	—
			碱活性	—	—

筛孔尺寸(mm)	5.00	2.50	1.25	0.630	0.315	0.160	筛分结果	细度模数
标准下限(%)	0	0	10	41	70	90		2.5
标准上限(%)	10	25	50	70	92	100		级配区属
实测结果(%)	3	13	28	54	80	96		Ⅱ

依据标准：
《普通混凝土用砂、石质量及检验方法标准》JGJ 52—2006

检验结论：
含泥量、泥块含量指标合格。本试样按细度模数分属中砂,其级配属二区可用于浇筑 C30 及 C30 以上的混凝土。

备　注：

试验单位：××检测中心　　　技术负责人：×××　　　审核：×××　　　试(检)验：×××

3.0.5 碎（卵）试验报告

碎（卵）石试验报告

委托单位：××建设集团有限公司 　　　　　　　　　　　　　　　　　试验编号：×××

工程名称	××工程					委托日期		2015 年 4 月 27 日		
石子种类	碎石					报告日期		2015 年 5 月 1 日		
产　地	××砂石厂		代表批量		600t	检验类别		委托		
检验项目	标准要求		实测结果		检验项目		标准要求		实测结果	
表观密度（kg/m³）	—		—		有机物含量		—		—	
堆积密度（kg/m³）	—		—		坚固性		—		—	
紧密密度（kg/m³）	—		—		岩石强度（MPa）		—		—	
含泥量（%）	<2.0		0.6		压碎指标（%）		<16		8	
泥块含量（%）	<0.7		0.2		SO₃ 含量（%）		—		—	
吸水率	—		—		碱活性		—		—	
针片状含量（%）	<25		4.3		空隙率（%）		—		—	

筛孔尺寸（mm）	90	75.0	63.0	53.0	37.5	31.5	26.5	19.0	16.0	9.50	4.75	2.36
标准下限（%）	—	—	—	—	—	0	0	—	30	—	90	95
标准上限（%）	—	—	—	—	—	0	5	70	—	—	100	100
实测结果（%）	—	—	—	—	—	0	2	—	50	—	94	98

依据标准：
　　《普通混凝土用砂、石质量及检验方法标准》JGJ 52—2006

检验结论：
　　依据 JGJ 52—2006 标准，含泥量、泥块含量、泥块含量、针、片、状颗粒含量指标合格。
　　级配符合 5～25mm 连续粒级的要求。

备　注：

试验单位：××检测中心　　　技术负责人：×××　　　审核：×××　　　试（检）验：×××

3.0.6 外加剂试验报告

	外加剂试验报告			编　　号	×××
				试验编号	2015-0036
				委托编号	2015-01480
工程名称	××工程			试样编号	006
委托单位	×××项目部			试验委托人	×××
产品名称	泵送剂	生产厂	××建材厂	生产日期	2015 年 9 月 10 日
代表数量	2t	来样日期	2015 年 9 月 14 日	试验日期	2015 年 10 月 13 日
试验项目	减水率、28d 抗压强度比、钢筋锈蚀				
试验结果	试　验　项　目			试　验　结　果	
	1. 坍落度保留值			H30：163mm　　H60：137mm	
	2. 压力泌水率比			74％	
	3. 抗压强度比			R7：124％　　R28：111％	
	4. 对钢筋的锈蚀情况			对钢筋无锈蚀	

结论：
　　符合《混凝土外加剂》GB 8076—2008 标准,该产品性能符合检验要求。

批　　准	×××	审　核	×××	试　验	×××
试验单位	××中心试验室(单位章)				
报告日期	2015 年 10 月 13 日				

注：本表由试验单位提供,建设单位、施工单位、城建档案馆各保存一份。

3.0.7 轻集料试验报告

<table>
<tr><td rowspan="3" colspan="2" align="center">轻集料试验报告</td><td>资料编号</td><td>×××</td></tr>
<tr><td>试验编号</td><td>××××—××××</td></tr>
<tr><td>委托编号</td><td>××××—××××</td></tr>
<tr><td>工程名称</td><td>××工程</td><td>试样编号</td><td>02</td></tr>
<tr><td>委托单位</td><td>×××建筑有限公司</td><td>试验委托人</td><td>×××</td></tr>
<tr><td>种　类</td><td>黏土陶粒</td><td>密度等级</td><td colspan="2">800</td><td>产　地</td><td>××</td></tr>
<tr><td>代表数量</td><td>200方</td><td>来样日期</td><td colspan="2">××年×月×日</td><td>试验日期</td><td>××年×月×日</td></tr>
</table>

<table>
<tr><td rowspan="12" align="center">试验结果</td><td rowspan="3">一、筛分析</td><td>1. 细度模数（细骨料）</td><td colspan="2" align="center">—</td></tr>
<tr><td>2. 最大粒径（粗骨料）</td><td colspan="2" align="center">15mm</td></tr>
<tr><td>3. 级配情况</td><td>☑连续粒级</td><td>□单粒级</td></tr>
<tr><td colspan="2">二、表观密度（kg/m³）</td><td colspan="2" align="center">—</td></tr>
<tr><td colspan="2">三、堆积密度（kg/m³）</td><td colspan="2" align="center">790</td></tr>
<tr><td colspan="2">四、筒压强度（MPa）</td><td colspan="2" align="center">4.5</td></tr>
<tr><td colspan="2">五、吸水率（1h）（%）</td><td colspan="2" align="center">10.16</td></tr>
<tr><td colspan="2">六、粒型系数</td><td colspan="2" align="center">—</td></tr>
<tr><td colspan="2">七、其他</td><td colspan="2" align="center">—</td></tr>
</table>

结论：

依据《轻集料及其试验方法》GB/T 17431.1～2—2010标准，该黏土陶粒检验项目合格。

<table>
<tr><td>批　准</td><td>×××</td><td>审　核</td><td>×××</td><td>试　验</td><td>×××</td></tr>
<tr><td>试验单位</td><td colspan="5">××工程检测试验有限公司</td></tr>
<tr><td>报告日期</td><td colspan="5">××年×月×日</td></tr>
</table>

注：本表由检测机构提供。

3.0.8 防水涂料试验报告

防水涂料试验报告

委托单位：××建设集团有限公司　　　　　　　　　　　　　　　试验编号：×××

工程名称及使用部位		××工程　1～3层厕浴间		委托日期	2015年10月10日
试样名称及规格型号		聚氨酯防水涂料(单组分)		报告日期	2015年10月12日
生产厂家		××防水材料有限公司		检验类别	委托
代表数量		5t		批　号	×××
试验结果	一、延伸性				mm
					MPa
					%
	二、拉伸强度	1.93			MPa
	三、断裂伸长率	976			%
	四、粘结性	潮湿基面粘结强度≥0.50			
	五、耐热度	温度(℃)		评定	
	六、不透水性	0.3MPa,30min,不透水			
	七、柔韧性(低温)	温度(℃)	≤−40℃,裂纹	评定	合格
	八、固体含量	≥80%			
	九、其他				
依据标准： 《聚氨酯防水涂料》GB/T 19250—2013					
检验结论： 　　依据《聚氨酯防水涂料》GB/T 19250—2013标准符合单组分聚氨酯防水涂料合格品要求。					
备　注：本报告未经书面同意不得部分复制 　　　　见证单位：××建设监理有限公司 　　　　见证人：×××					

试验单位：××检测中心　　　　技术负责人：×××　　　　审核：×××　　　　试(检)验：×××

3.0.9 防水卷材试验报告

防水卷材试验报告

委托单位：××建设集团有限公司　　　　　　　　　　　　试验编号：×××

工程名称	××工程			委托日期		2015 年 4 月 10 日	
生产厂家	××厂			报告日期		2015 年 4 月 13 日	
使用部位	地下室防水			检验类别		委托	
代表数量	500 卷	规格型号		SBS Ⅰ型	批号	××	
试验结果	一、拉力试验	1. 拉力(N)	纵	≥500N;实际 540N	横	≥500N;实际 570N	
		2. 拉伸强度	纵	MPa	横	MPa	
	二、断裂伸长率(延伸率)		纵	≥30%;实际 45%	横	≥30%;实际 39%	
	三、剥离强度(屋面)						
	四、黏合性(地下)						
	五、耐热度	温度(℃)	85℃　2h	评定		无流淌,合格	
	六、不透水性(抗渗透性)		0.2MPa,30min 不透水;符合要求,合格				
	七、柔韧性(低温柔性,低温弯折性)	温度(℃)	−18℃　30min	评定		无裂纹,合格	
	八、其他						

依据标准：

《弹性体改性沥青防水卷材》GB 18242—2008

检验结论：

　　所检项目符合 SBS 防水卷材Ⅰ型标准要求

备　注：

见证取样,见证人：×××

试验单位：××检测中心　　　　技术负责人：×××　　　　审核×××　　　　试(检)验：×××

3.0.10 轻集料试验报告

轻集料试验报告			资料编号	×××
			试验编号	××××—××××
			委托编号	××××—××××
工程名称	××工程		试样编号	02
委托单位	×××建筑有限公司		试验委托人	×××
种　类	黏土陶粒	密度等级	800	产　地	××
代表数量	200 方	来样日期	××年×月×日	试验日期	××年×月×日

试验结果	一、筛分析	1. 细度模数(细骨料)	—
		2. 最大粒径(粗骨料)	15mm
		3. 级配情况	☑连续粒级　□单粒级
	二、表观密度(kg/m³)		—
	三、堆积密度(kg/m³)		790
	四、筒压强度(MPa)		4.5
	五、吸水率(1h)(％)		10.16
	六、粒型系数		—
	七、其他		—

结论:
　　依据《轻集料及其试验方法》GB/T 17431.1～2—2010 标准,该黏土陶粒检验项目合格。

批准	×××	审核	×××	试验	×××
试验单位	××工程检测试验有限公司				
报告日期	××年×月×日				

注：本表由检测机构提供。

3.0.11 砖（砌块）试验报告

砖(砌块)试验报告 表 C4-14		资料编号	01—07—C4—××××
		试验编号	Q211—0040
		委托编号	2011—08393

工程名称	××办公楼工程　地下砌体结构	试样编号	砌块—001
委托单位	××建设集团有限公司××项目部	试验委托人	×××
种　类	轻集料混凝土小型空心砌块　390mm×140mm×190mm	生产厂	××建材有限公司
强度等级	MU2.5	密度等级	800	代表数量	1万块
试件处理日期	2011年5月16日	来样日期	2011年5月16日	试验日期	2011年5月19日

试验结果	烧结普通砖		
	抗压强度平均值 f（MPa）	变异系数 δ≤0.21	变异系数 δ>0.21
		强度标准值 f_h（MPa）	单块最小强度值 f_h（MPa）
	轻集料混凝土小型空心砌块		
	砌块抗压强度(MPa)		砌块干燥表观密度(kg/m³)
	平均值	最小值	
	2.9	2.7	/
	其他种类		
	抗压强度(MPa)		抗折强度(MPa)

		大面		条面			
平均值	最小值	平均值	最小值	平均值	最小值	平均值	最小值

结论：
依据 GB/T 15229 标准,符合 MU 2.5 级轻集料混凝土小型空心砌块要求。

批　准	×××	审　核	×××	试　验	×××
试验单位	××工程检测试验有限公司				
报告日期	2011年5月19日				

3.0.12 材料试验报告（通用）

		资料编号	01—05—C4—003
材料试验报告(通用) **表 C4-16**		试验编号	CL10—0013
		委托编号	2010—07671
工程名称及 使用部位	××办公楼工程 基础结构与车库坡道间沉降缝	试样编号	办—003
委托单位	××建设集团有限公司××项目部	试验委托人	×××
材料名称及规格	BW 止水条　PN—220	产地、厂别	北京　××止水材料 有限公司
代表数量	100m	来样日期	2010 年 4 月 18 日	试验日期	2010 年 4 月 21 日

要求试验项目及说明：
1. 体积膨胀倍率(采用试验方法Ⅰ)　　标准指标：≥220％
2. 高温流淌性(80℃,5h)　　标准指标：无流淌
3. 低温试验(−20℃,2h)　　标准指标：无脆裂

试验结果：
1. 体积膨胀倍率(采用试验方法Ⅰ)　　检测结果：331％
2. 高温流淌性(80℃,5h)　　检测结果：无流淌
3. 低温试验(−20℃,2h)　　检测结果：无脆裂

结论：
依据 GB 18173.3—2002 标准,符合 PN—220BW 止水条指标要求。

批　准	×××	审　核	×××	试　验	×××
试验单位	××工程检测试验有限公司				
报告日期	2010 年 4 月 21 日				

本表由检测机构提供。

Chapter ►► 04

施工试验检测资料

4.0.1 土工击实试验报告

《土工击实试验报告》填写范例

土工击实试验报告		编　号	×××
工程名称	××综合楼工程		
委托单位	××建设集团有限公司	试验编号	TS 2015—0042
		试件编号	001
试验委托人	×××	委托编号	2015—01460
结构类型	全现浇剪力墙	填土部位	基槽①～⑦/Ⓑ～Ⓖ轴
要求压实系数(λ_c)	0.97	土样种类	2：8灰土
来样日期	××年×月×日	试验日期	××年×月×日
试验结果	最优含水率(ω_{op})＝18.2%		
	最大干密度(ρ_{max})＝1.72g/cm³		
	控制指标(控制干密度) 最大干密度×要求压实系数＝1.67g/cm³		
结论： 　　依据《土工试验方法标准》GB/T 50123—1999标准，最优含水率为18.2%，最大干密度为1.72g/cm³，控制干密度为1.67g/cm³。			
批准	×××	审核	×××	试验	×××
试验单位	××工程检测试验有限公司				
报告日期	××年×月×日				

4.0.2　回填土试验报告

回填土试验报告					编　号		×××	
					试验编号		CL11—0059	
					委托编号		2015—03180	
工程名称及施工部位		××办公楼工程　基础肥槽(−2.830～−1.330m)						
委托单位		××建设集团有限公司××项目部			试验委托人		×××	
要求压实系数(λ_s)		0.97			回填土种类		2:8灰土	
控制干密度(ρ_d)		1.67g/cm³			试验日期		××年×月×日	
点号 项目	1	2						
	实测干密度(g/cm³)							
步数	实测压实系数							
27	1.69	1.67						
	0.98	0.97						
28	1.67	1.70						
	0.97	0.99						
29	1.69	1.70						
	0.98	0.99						
30	1.67	1.69						
	0.97	0.98						
31	1.67	1.67						
	0.97	0.97						
32	1.70	1.69						
	0.99	0.98						
33	1.70	1.69						
	0.99	0.98						
34	1.67	1.70						
	0.97	0.99						
35	1.69	1.70						
	0.98	0.99						
36	1.67	1.69						
	0.97	0.98						
取样位置简图:(附)　　见附图								
结论:　　该2:8灰土符合设计要求。								
批准	×××		审核	×××		试验	×××	
试验单位	××工程检测试验有限公司							
报告日期	××年×月×日							

续表

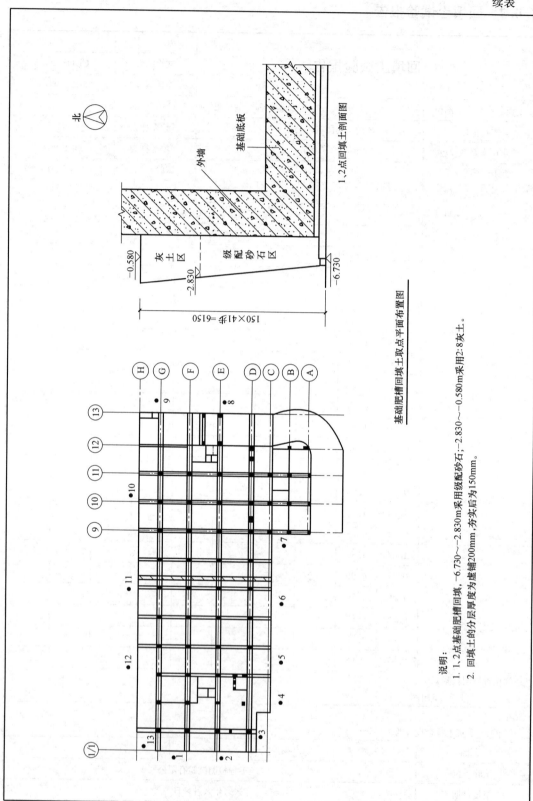

基础肥槽回填土取点平面布置图

说明：
1. 1,2点基础肥槽回填，-6.730～-2.830m采用级配砂石；-2.830～-0.580m采用2:8灰土。
2. 回填土的分层厚度每层虚铺200mm，夯实后为150mm。

4.0.3 钢筋连接试验报告

		资料编号	01—06—C6—×××
钢筋连接试验报告 **表 C6-3**		试验编号	2011—3266
		委托编号	011

工程名称及部位	××办公楼工程 筏板基础⑥～⑩/Ⓐ～Ⓕ轴		试件编号	002
委托单位	××建设集团有限公司××项目部		试验委托人	×××
接头类型	电渣压力焊		检验形式	现场检验
设计要求 接头性能等级	/		代表数量	290 个
连接钢筋种类 及牌号	热轧带肋 HRB 335	公称直径 20mm	原材试验编号	2011—4279
操作人	×××	来样日期 ××年×月×日	试验日期	××年×月×日

接头试件			母材试件		弯曲试件			备注
公称面积 （mm²）	抗拉强度 （MPa）	断裂特征 及位置	实测面积 （mm²）	抗拉强度 （MPa）	弯心直径	角度	结果	
314.2	635	塑性断裂　53mm						
314.2	630	塑性断裂　40mm						
314.2	630	塑性断裂　45mm						

结论：

　　依据 JGJ 18 标准，现场检验符合电渣压力焊接头要求。

批　准	×××	审　核	×××	试　验	×××
试验单位	××工程检测试验有限公司				
报告日期	××年×月×日				

本表由检测机构提供。

4.0.4　砂浆配合比申请单、通知单

砂浆配合比申请单 表 C6-4			资料编号	02—03—C6—001
			委托编号	××—08595
工程名称	××办公楼工程　砌体基础			
委托单位	××建设发展有限公司		试验委托人	×××
砂浆种类	水泥混合砂浆		强度等级	M5.0
水泥品种	P·O 42.5		厂　　别	××水泥厂
水泥进场日期	××年×月×日		试验编号	SN09—0070
砂产地	××砂石厂	粗细级别　中砂	试验编号	SZ09—0055
掺合料种类	粉煤灰		外加剂种类	/
申请日期	2009 年 4 月 27 日		要求使用日期	2009 年 5 月 4 日

砂浆配合比通知单 表 C6-4			配合比编号	SP09—0044
			试配编号	2009—0028
强度等级	M5.0		试验日期	2009 年 4 月 27 日
配　合　比				
材料名称	水泥	砂	白灰膏	掺合料	外加剂
每立方米用量 （kg/m³）	190	1450	/	155	
比例	1	7.63	/	0.82	

注：砂浆稠度为 70～100mm，白灰膏稠度为 120±5mm。

批　准	×××	审　核	×××	试　验	×××
试验单位	××工程检测试验有限公司				
报告日期	2009 年 5 月 4 日				

本表由检测机构提供。

4.0.5 砂浆抗压强度试验报告

砂浆试块试验报告

委托单位：××建设集团有限公司　　　　　　　　　　　　　　　　试验编号：×××

工程名称	××工程			委托日期		××年×月×日	
使用部位	筏板基础①～⑨/Ⓐ～Ⓓ轴			报告日期		××年×月×日	
强度等级	M5.0	砂浆种类	混合砂浆		检验类别		委托
配合比编号	2015—043136	养护方法	标养				
试件编号	成型日期	破型日期	龄期（d）	强度值（MPa）		强度代表值（MPa）	达设计强度（%）
012	××年×月×日	××年×月×日	28	6.1		6.3	126
				6.2			
				6.5			
				6.0			
				6.7			
				6.5			

依据标准：《建筑砂浆基本性能试验方法标准》JGJ/T 70—2009

备　注：本报告未经本室书面同意不得部分复制
　　　　见证单位：××建设监理公司
　　　　见证人：×××

试验单位：××检测中心　　技术负责人：×××　　审核：×××　　试(检)验：×××

4.0.6　砌筑砂浆试块强度统计、评定记录

砌筑砂浆试块强度统计、评定记录 表 C6-6						资料编号		02—03—C6—002
工程名称		××综合楼工程				强度等级		M5.0
施工单位		××建设集团有限公司				养护方法		标准养护
统计期		2012 年 5 月 14 日至 2012 年 6 月 20 日				结构部位		砌体基础
试块组数 n		强度标准值 $f_{m,k}$ （MPa）		平均值 m_{fcu} （MPa）		最小值 $f_{cu,min}$ （MPa）		$0.85f_{m,k}$
6		5		9.15		7.3		4.25

每组 强度值 MPa	9.7	10.2	9.5	9.4	8.8	7.3		

判定式	$m \geqslant 1.10 f_{m,k}$	$f_{cu,min} \geqslant 85\% f_{m,k}$
结果	9.15＞5.5	7.3＞4.25

结论：
　　依据《砌体结构工程施工质量验收规范》(GB 50203—2011)第 4.0.12 条，评定合格。

批　准	审　核	统　计
×××	×××	×××
报告日期	2012 年 6 月 23 日	

本表由施工单位填写。

4.0.7 混凝土配合比申请单、通知单

混凝土配合比申请单 表C6-7				资料编号	01—06—C6—016
				委托编号	2009—5287
工程名称及部位	××办公楼工程 地下一层③～⑧/⑧～⑭轴外墙				
委托单位	××建设集团有限公司××项目部		试验委托人		×××
设计强度等级	C35P8		要求坍落度		160±20mm
其他技术要求	/				
搅拌方法	机械	浇捣方法	机械	养护方法	标准养护
水泥品种及强度等级	P·O 42.5	厂别牌号	××	试验编号	2009—00113
砂产地及种类	×× 中砂			试验编号	2009—0056
石产地及种类	×× 碎石	最大粒径	25mm	试验编号	2009—0079
外加剂名称	JSP—Ⅳ UEA			试验编号	2009Y—032 2009—0010
掺合料名称	Ⅰ级粉煤灰			试验编号	2009—0098
申请日期	2009年12月14日	使用日期	2009年12月14日	联系电话	××××××××

混凝土配合比通知单 表C6-7					配合比编号	2009—5287
					试配编号	2009—00065
强度等级	C35P8	水胶比	0.4	水灰比	0.41	砂率 40%
材料名称 项目	水泥	水	砂	石	外加剂 JSP-Ⅳ	掺合料 粉煤灰 / 其他 UEA
每m³用量(kg/m³)	363	180	706	1060	13.62	64 / 27
每盘用量(kg)	363	180	706	1060	13.62	64 / 27
混凝土碱含量(kg/m³)	1.89					
	注:此栏只有遇Ⅱ类工程(按京建科[1999]230号规定分类)时填写					

说明:本配合比所使用材料均为干材料,使用单位应根据材料使用情况随时调整。

批 准	审 核	试 验
×××	×××	×××
试验单位	××预拌混凝土供应中心	
报告日期	×××年××月××日	

本表由检测机构提供。

129

4.0.8 混凝土抗压强度试验报告

混凝土试块试验报告

委托单位：××建设集团有限公司 试验编号：×××

工程名称	××工程			委托日期	2015 年 7 月 14 日
结构部位	基础底板			报告日期	2015 年 8 月 11 日
强度等级	C10	试块边长(mm)	150×150	检验类别	委托
配合比编号	06115305			养护方法	标养
试样编号	成型日期	破型日期	龄期(d)	强度值(MPa)	强度代表值(MPa)	达设计强度(%)
007	2015 年 7 月 12 日	2015 年 8 月 9 日	28	26.0 27.9 26.8	26.9	134

依据标准：
《混凝土强度检验评定标准》GB/T 50107—2010

检验结论：
符合《混凝土强度检验评定标准》GB/T 50107—2010 的要求,合格。

备　注:本报告未经本室书面同意不得部分复制
　　　见证单位:××建设监理公司
　　　见证人:×××

试验单位:××检测中心	技术负责人:×××	审核:×××	试(检)验:×××

4.0.9 混凝土试块强度统计、评定记录

混凝土试块强度统计、评定记录								编 号	×××
								强度等级	C35

工程名称	××综合楼工程				
施工单位	××建设集团有限公司××项目经理部		养护方法	标准养护	
统计期	2015 年 4 月 7 日至 2015 年 6 月 26 日		结构部位	箱形基础、墙、顶板后浇带	

试块组 n	强度标准值 $f_{cu,k}$（MPa）	平均值 m_{fcu}（MPa）		标准差 S_{fcu}（MPa）		最小值 $f_{cu,min}$（MPa）		合格评定系数	
								λ_1	λ_2
21	35	41.88		3.01		35.9		0.95	0.85

每组强度值（MPa）	40.1	43.5	42.8	42.1	41.7	42.9	38.1	43.8	48.4	35.9
	42.2	38.8	42.6	43.2	45.4	37.2	38.8	42.8	42.9	40.2
	46									

评定界限	☑统计方法			□非统计方法	
	$f_{cu,k}$	$f_{cu,k}+\lambda_1 \cdot S_{fcu}$	$\lambda_2 \cdot f_{cu,k}$	$\lambda_3 \cdot f_{cu,k}$	$\lambda_4 \cdot f_{cu,k}$
	35	37.86	29.75		
判定式	$m_{fcu} \geqslant f_{cu,k}+\lambda_1 \cdot S_{fcu}$	$f_{cu,min} \geqslant \lambda_2 \cdot f_{cu,k}$		$m_{fcu} \geqslant \lambda_3 \cdot f_{cu,k}$	$f_{cu,min} \geqslant \lambda_4 \cdot f_{cu,k}$
结果	41.88＞37.86	35.9＞29.75			

结论：
　　依据《混凝土强度检验评定标准》GB/T 50107—2010 要求，该批混凝土强度评定为合格。

签字栏	专业技术负责人	专业监理工程师
	×××	×××

4.0.10 混凝土抗渗试验报告

<table>
<tr><td rowspan="4" colspan="2" align="center">混凝土抗渗试验报告</td><td>资料编号</td><td>×××</td></tr>
<tr><td>试验编号</td><td>××—0058</td></tr>
<tr><td>委托编号</td><td>××—01245</td></tr>
<tr><td colspan="2"></td></tr>
<tr><td>工程名称及部位</td><td colspan="3">××工程　地下二层外墙①～⑩/Ⓐ～Ⓖ轴</td><td>试件编号</td><td>003</td></tr>
<tr><td>委托单位</td><td colspan="3">×××项目部</td><td>试验委托人</td><td>×××</td></tr>
<tr><td>抗渗等级</td><td colspan="3">P8</td><td>配合比编号</td><td>××—0022</td></tr>
<tr><td>强度等级</td><td>C40</td><td>养护条件</td><td>标准养护</td><td>收样日期</td><td>××年×月×日</td></tr>
<tr><td>成型日期</td><td>××年×月×日</td><td>龄期(d)</td><td>32</td><td>试验日期</td><td>××年×月×日</td></tr>
<tr><td colspan="6">试验情况

　　由 0.1MPa 顺序加压至 0.9MPa,保持 8h,试件表面无渗水。
　　试验结果:抗渗等级＞P8

</td></tr>
<tr><td colspan="6">结论:

　　根据《普通混凝土长期性能和耐久性能试验方法标准》GB/T 50082—2009 标准,符合 P8 设计要求。

</td></tr>
<tr><td>批　准</td><td>×××</td><td>审　核</td><td>×××</td><td>试　验</td><td>×××</td></tr>
<tr><td>试验单位</td><td colspan="5">××工程检测试验有限公司</td></tr>
<tr><td>报告日期</td><td colspan="5" align="center">××年×月×日</td></tr>
</table>

注：本表由检测机构提供。

4.0.11 地基承载力检验报告

地基承载力检验报告

工程名称	××大厦		报告编号	检××-×××
工程地点	××市××区××路		报告日期	××年×月×日
委托单位	××建设工程有限公司		委托日期	××年×月×日
施工单位	××建设工程有限公司		见证人	×××
见证单位	××建设监理有限公司		见证号	×××
地基处理工艺方法	深层搅拌法		试验方法	载荷试验
地基承载力特征值（kPa）	130	载荷板尺寸（mm×mm） 100×100	加荷方法	慢速维持荷载法

点（桩）号	加荷级数	最大试验荷载（kN）	最大试验荷载下载荷板沉降（mm）	残余变形（mm）	地基承载力特征值（kPa）	检测日期	备注
1	10	260	36.72	25.39	≥130	×/×	
2	10	260	29.74	20.89	≥130	×/×	
3	10	260	32.45	22.30	≥130	×/×	

检测依据	《建筑地基处理技术规范》JGJ 79—2012
检测结论	1#试验点的复合地基承载力特征值不小于130kPa 2#试验点的复合地基承载力特征值不小于130kPa 3#试验点的复合地基承载力特征值不小于130kPa
备　注	———

批准：×××　　　　　　　　　　审核：×××　　　　　　　　　　检验：×××

4.0.12　桩基检测报告

基桩高应变法检测报告

共×页　第1页

工程名称		××大厦		工程地点		××市××区××路
合同编号		××-×××		检测编号		检××-××××
委托单位		××建设工程有限公司		建设单位		××房地产开发有限公司
设计单位		××建筑设计院		勘测单位		××勘察设计院
施工单位		××建设工程有限公司		检测单位		××建设工程检测中心
监理单位		××建设监理有限公司		结构形式		框架
桩　　型		预应力管桩		设计桩端持力层		强风化花岗岩
总桩数		100		设计单桩竖向抗压承载力特征值(kN)		4000

桩号	桩长(m)	桩径(mm)	扩大头直径(mm)	实测单桩竖向抗压极限承载力(kN)	锤重(kN)	实测单桩竖向抗压承载力特征值(kN)	施工日期	检测日期
1#	20.5	1000	2000	8500	100	4100	××/×/×	××/×/×
2#	20.0	1000	2000	8600	100	4300	××/×/×	××/×/×
3#	21.0	1000	2000	8600	100	4300	××/×/×	××/×/×
4#	20.5	1000	2000	8500	100	4200	××/×/×	××/×/×
5#	20.0	1000	2000	8700	100	4300	××/×/×	××/×/×
6#	21.0	1000	2000	8500	100	4200	××/×/×	××/×/×
7#	20.0	1000	2000	8500	100	4200	××/×/×	××/×/×
备注		检测依据:《建筑基桩检测技术规范》JGJ 106—2014						
项目负责人	×××	校对	×××		检测人员	×××		

Chapter 05

施工记录

5.0.1 隐蔽工程验收记录

<table>
<tr><td colspan="2" rowspan="2">隐蔽工程验收记录</td><td>编　号</td><td>×××</td></tr>
<tr><td colspan="2"></td></tr>
<tr><td>工程名称</td><td colspan="3">××工程</td></tr>
<tr><td>隐检项目</td><td>地基及基础处理(砂和砂石地基)</td><td>隐检日期</td><td>××年×月×日</td></tr>
<tr><td>隐检部位</td><td colspan="3">基础　　①～⑳/Ⓐ～Ⓗ轴线　－6.50m 标高</td></tr>
<tr><td colspan="4">　隐检依据:施工图图号____结施1、结施3、地质勘察报告　××-0093____,设计变更/洽商(编号____/____)及
有关国家现行标准等。
　主要材料名称及规格/型号:____中砂　20～40mm 碎石____</td></tr>
<tr><td colspan="4">隐检内容:
　　1. 根据施工图纸要求,基槽土层已控至－6.500m。砂石在摊铺灰土前,经钎探检查,地质情况符合勘察报告,没
有出现地下水。
　　2. 槽底清理:清除槽内浮土、积水和泥浆,坑(槽)边坡稳定。
　　3. 基底轴线尺寸

　　　　　　　　　　　　　　　　　　　　　　　　　　　　　　　　　　　　　　　申报人:×××</td></tr>
<tr><td colspan="4">检查意见:
　　经检查,基底标高符合设计要求,清槽工作到位,同意进行下道工序

检查结论:　☑同意隐蔽　　　□不同意,修改后进行复查</td></tr>
<tr><td colspan="4">复查结论:

复查人:　　　　　　　　　　　复查日期:</td></tr>
<tr><td rowspan="3">签
字
栏</td><td rowspan="3">建设(监理)单位</td><td>施工单位</td><td>××建设工程有限公司</td></tr>
<tr><td>专业技术负责人</td><td>专业质检员</td><td>专业工长</td></tr>
<tr><td>×××</td><td>×××</td><td>×××</td><td>×××</td></tr>
</table>

　注:本表由施工单位填写,建设单位、施工单位、城建档案馆各保存一份。

5.0.2　交接检查记录

交接检查记录 表 C5-2		资料编号	03—03—C5—×××
工程名称		××综合楼工程	
移交单位名称	××建设集团有限公司	接收单位名称	××装饰装修有限公司
交接部位	一～十一层初装修	检查日期	××年×月×日

交接内容：

　　检查××建设集团有限公司施工的结构标高、轴线偏差；结构构件尺寸偏差；填充墙体、抹灰工程质量；相邻楼地面标高差；门窗洞口尺寸及偏差；机电安装专业预留预埋、管线和相关设备是否符合设计和规范要求等项目。

检查结果：

　　经双方检查，结构及门窗洞口偏差、砌体、抹灰质量、楼地面标高差、机电安装专业预留预埋、管线和相关设备均符合设计和规范要求，具备进行精装修工程施工的条件。

复查意见：

复查人：　　　　　　　　　　　　复查日期：

签 字 栏	移交单位	接收单位
	×××	×××

5.0.3 地基验槽记录

地基验槽记录		资料编号	×××
工程名称	××大厦工程	验槽日期	××年×月×日
验槽部位	⑧～⑬/Ⓐ～Ⓗ轴内基槽		

依据:施工图纸(施工图纸号___结施-1、结施-4、地质勘察报告(编号:××)___)、设计变更/洽商(编号___/___)及有关规范、规程

验槽内容:
1. 基槽开挖至勘探报告第___③、④___层,持力层为___③、④___层。
2. 基底绝对高程和相对标高___43.400/-6.300,40.850/-8.850,42.300/-7.400,44.350/-5.350___。
3. 土质情况___第③层黏质粉土、砂质粉土;第③₁层重粉质黏土、粉质黏土;第④层细砂、粉砂___。(附:☑钎探记录及钎探点平面布置图)
4. 桩位置___/___、桩类型___/___、数量___/___,承载力满足设计要求。(附:□施工记录、□桩检测记录)

___

___

___

___

___

___

注:若建筑工程无桩基或人工支护,则相应在第4条填写处划"/"

申报人:×××

检查意见:
经检查,槽底土质为第四纪沉积之黏质粉土、砂质粉土,局部粉砂、粉质黏土。Ⓑ～Ⓒ/⑨～Ⓗ轴为原建筑的肥槽,下挖1.5m后(见硬土层),采用级配砂石或3:7灰土分层回填夯实。设计需加强基础及结构刚度,坡道部分的人工堆积层至少下挖1.0m,用3:7灰土分层回填夯实

检查结论:☑无异常,可进行下道工序　　□需要地基处理

签字公章栏	建设单位	监测单位	设计单位	勘察单位	施工单位
	×××	×××	×××	×××	×××

注:本表由施工单位填写。

5.0.4　地基处理记录

地基处理记录			资料编号	×××
工程名称	××大厦工程		日　期	××年×月×日
处理依据及方式： 　　处理依据：1.《建筑地基基础工程施工质量验收规范》GB 50202—2002。2.《建筑地基处理技术规范》JGJ 79—2012。3. 本工程《地基基础施工方案》。4. 勘察单位地基验槽时提出的处理意见。 　　方式：Ⓑ～Ⓒ/⑨～⑫轴原建筑的肥槽已下挖1.5m仍未见老土,采用3∶7灰土分层回填夯实,坡道部分的人工堆积层下挖1.0m,采用灰土分层回填夯实				
处理部位及深度（或用简图表示） 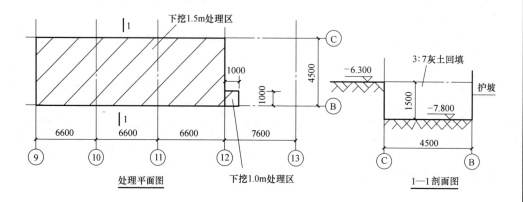 □有　／　☑无　附页(图)				
处理结果： 　　地基处理满足设计图纸及《建筑地基基础工程施工质量验收规范》GB 50202—2002 的规定				
检查意见： 　　经检查,地基处理结果符合勘察和设计单位要求,同意验槽 　　　　　　　　　　　　　　　　　　　　　　　　　检查日期：××年×月×日				

签字栏	监理单位	设计单位	勘察单位	施工单位	××建设集团有限公司	
	×××	×××	×××	专业技术负责人	专业质检员	专业工长
				×××	×××	×××

注：本表由施工单位填写。

5.0.5 地基钎探记录

地基钎探记录						资料编号		×××	
工程名称		××住宅楼工程				钎探日期		××年×月×日	
套锤重		10kg	自由落距		500mm	钎径		25mm	
顺序号	各步锤击数								备 注
	0～30（cm）	30～60（cm）	60～90（cm）	90～120（cm）	120～150（cm）	150～180（cm）	180～210（cm）		
1	17	27	31	31	36	42	51		
2	23	25	33	30	37	42	49		
3	22	22	28	32	39	42	50		
4	17	22	33	36	36	43	48		
5	23	21	27	30	41	40	48		
6	21	28	29	30	41	40	48		
7	17	21	32	30	35	48	47		
8	19	22	33	33	37	46	50		
9	18	28	28	34	36	40	46		
10	22	23	29	36	38	45	52		
11	17	23	27	38	35	47	53		
12	17	27	28	32	35	43	46		
13	15	22	32	37	39	42	46		
14	22	20	30	36	42	42	46		
15	22	27	30	35	37	42	52		
16	20	20	31	35	39	41	46		
17	18	26	26	34	36	40	51		
18	22	27	29	31	36	42	46		
19	15	24	33	30	38	42	50		
20	16	24	26	30	39	47	51		
施工单位			××建设集团有限公司						
专业技术负责人			专业工长			记录人			
×××			×××			×××			

注：本表由施工单位填写，并附钎探点布置图。

续表

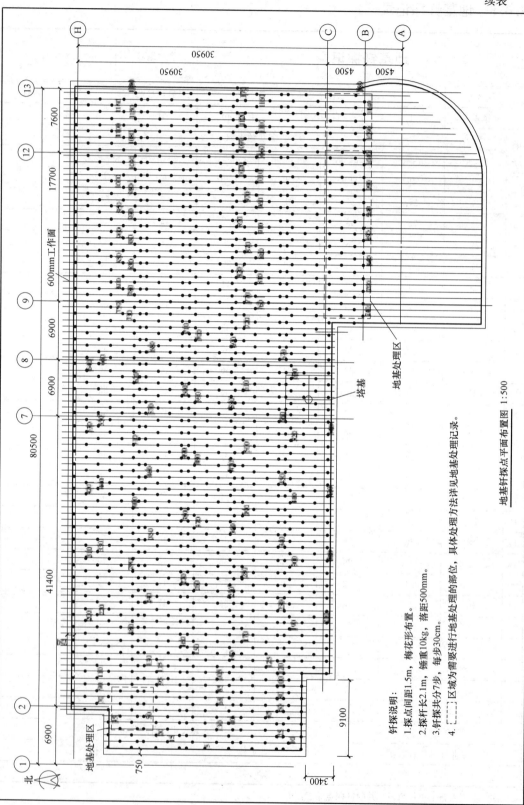

地基钎探点平面布置图 1:500

钎探说明：
1.探点间距1.5m，梅花形布置。
2.探杆长2.1m，锤重10kg，落距500mm。
3.钎探共分7步，每步30cm。
4.[____]区域为需要进行地基处理的部位，具体处理方法详见地基处理记录。

5.0.6 混凝土浇灌申请书

混凝土浇灌申请书		编　号	×××
		日　期	××年×月×日×时
工程名称	××小区住宅楼工程		
申请浇灌部位	二层①~⑬/Ⓐ~Ⓖ轴构造柱、圈梁、板带	申请浇灌日期	××年×月×日×时
技术要求	坍落度180mm,初凝时间2h	强度等级	C25
搅拌方式 (搅拌站名称)	机械搅拌 (××预拌混凝土供应公司)	申请人	×××

依据:施工图纸(施工图纸号 _____ 结施-4、结施-5 _____)、设计变更/洽商(编号 _____ / _____)和有关规范、规程

	检查内容	检查结果
1	隐检情况	已完成隐检
2	预检情况	已完成预检
3	水电预埋情况	已完成,符合要求
4	施工组织情况	已完备
5	机械设备准备情况	准备就绪
6	保温养护及有关准备情况	—

检查结论:
1. 原材料、机械设备及施工人员已就位。
2. 专项施工方案及技术交底工作已落实。
3. 计量设备已准备完毕。
4. 各种隐检、水电预埋工作已完成

☑同意浇灌　　□不同意浇灌

签字栏	施工单位	××建设集团有限公司	专业技术负责人	专业质检员
			×××	×××
	监理单位	××工程建设监理有限公司	专业监理工程师 (水、电、土)	××× ××× ×××

5.0.7 焊接材料烘焙记录

焊接材料烘焙记录				资料编号		×××	
工程名称			××工程				
焊材牌号	结506焊条	规格(mm)	φ3.2、φ4	焊材厂家		××材料厂	
钢材材质	Q345B	烘焙方法	电炉烘干法	烘焙日期		××年×月×日	

序号	施焊部位	烘焙数量(kg)	烘焙要求					保温要求		备注
			烘干温度(℃)	烘干时间(h)	实际烘焙			降至恒温(℃)	保温时间(h)	
					烘焙日期	从时分	至时分			
1	压型钢板点焊	10	280	2	××年×月×日	8:00	10:00	100	0.5	

说明:
1. 焊接、焊条等在使用前,应按产品说明书及有关工艺文件规定的技术要求进行烘干。
2. 焊接材料烘干后应存放在保温箱内,随用随取,焊条由保温箱(筒)取出到施焊的时间不得超过2h,酸性焊条不宜超过4h;烘干温度250~300℃

施工单位	××建设集团有限公司	
专业技术负责人	专业质检员	记录人
×××	×××	×××

注:本表由施工单位填写。

5.0.8 地下工程防水效果检查记录

地下室防水效果检查记录

工程名称	××工程	检查日期	××年×月×日
工程编号	××	部　位	地下一层外墙
检查内容	检查人员用干手触摸混凝土墙面及用吸墨纸(报纸)贴附背水墙面检查①～⑥轴墙体的湿渍面积,有无裂缝和渗水现象。 		
检查结果	经检查:地下一层①～⑥轴背水内表面的混凝土墙面无湿渍及渗水现象,观感质量合格,符合设计要求和《地下防水工程质量验收规范》GB 50208—2011规定		
评定意见	符合设计及规范要求,评定合格 　　　　　　　　　　　　　　　　　　　　　　　　　××年×月×日		

参加人员	监理(建设)单位	施工单位		
		专业技术负责人	质检员	试验员
	×××	×××	×××	×××

5.0.9　防水工程试水检查记录

防水工程试水检查记录			资料编号	×××
工程名称		××住宅楼工程		
检查部位		首层卫生间地面	检查日期	××年×月×日
检查方式	☑第一次蓄水　　□第二次蓄水	蓄水时间	从××年×月×日　10时 至××年×月×日　10时	
	□淋水　　□雨期观察			

检查方法及内容：

　　首层卫生间地面第一次蓄水试验：在门口处用水泥砂浆做挡水墙，地漏周围挡高 5cm，用球塞（或棉丝）把地漏堵严密且不影响试水，然后进行蓄水，蓄水最浅水位为 20mm，蓄水时间为 24h。

　　检查方法：在地下一层查看管根、墙体砖面、顶板是否有渗漏水现象

检查结果：

　　经检查，卫生间第一次蓄水试验无渗漏现象，检查合格，符合规范要求

复查意见：

复查人：　　　　　　　　　　　复查日期：

签字栏	施工单位	××建设集团 有限公司	专业技术负责人	专业质检员	专业工长
			×××	×××	×××
	监理（建设）单位	××工程建设监理有限公司		专业工程师	×××

注：本表由施工单位填写。

5.0.10 施工检查记录（通用）

施工检查记录（通用） 表 C5-19		资料编号	02—03—C5—002
工程名称	××办公楼工程	检查项目	砌筑
检查部位	二层①～⑬/Ⓐ～Ⓖ轴砌体	检查日期	2010 年 5 月 26 日

检查依据：
1. 施工图纸：建施-1、建施-7。
2.《砌体结构工程施工质量验收规范》(GB 50203)。
3.《混凝土小型空心砌块建筑技术规程》。

检查内容：
1. 轻集料混凝土小型空心砌块有合格证、检验报告、复试报告，合格；其品种、强度等级符合设计要求，规格为 390mm×140mm×190mm、390mm×190mm×190mm、390mm×240mm×190mm 等。
2. 砂浆的品种符合设计要求，强度等级达到 M5。
3. 底部采用 150mm 高 C20 混凝土，拉结筋每 500mm 设置一道，2φ6，通长设置；构造柱、圈梁、板带的设置均符合设计要求。
4. 砌体水平、竖向灰缝的砂浆饱满，水平灰缝为 8～12mm，竖向灰缝为 20mm，上下砌块错缝，没有瞎缝、透明缝。有构造柱的地方留马牙槎。
5. 预埋木砖、预埋件符合要求。
6. 砌块墙表面平整度、垂直度、轴线、位置、门窗洞口大小符合设计和规范要求。

检查结论：
经检查，符合设计要求和《砌体结构工程施工质量验收规范》(GB 50203)的规定。

复查意见：

复查人：　　　　　　　　　复查日期：

施工单位	××建设集团有限公司	
专业技术负责人	专业质检员	专业工长
×××	×××	×××

5.0.11 桩基施工记录

干作业成孔灌注桩施工记录

施工单位 ××建设集团有限公司　　　　　　工程名称 ××工程
施工班组 ××班组　　　　　　　　　　　　气　候 晴
钻机类型 ZKL 800BB　　　　　　　　　　设计桩顶标高 −7.20
设计桩径 φ800mm　　　　　　　　　　　自然地面标高 −1.00

日期	桩号	持力层标高(m)	钻孔深度(m)	进入持力层深度(m)	第一次测孔			第二次测孔			混凝土灌注		钻孔总用时间(min)	出现情况			备注
					孔深(m)	虚土(mm)	进水(mm)	孔深(m)	虚土(mm)	进水(mm)	实际(m³)	计算(m³)		坍孔	缩径	进水	
××年×月×日	20*	−25.15	24.15	5	24.10	5	20	24.05	10	30	24.4	20.35	4	无			
××年×月×日	21*	−25.15	24.15	5	24.05	10	20	24.00	15	30	23.8	20.35	3	无			
××年×月×日	22*	−25.15	24.15	5	24.05	10	20	24.00	15	30	23.9	20.35	2	无			
××年×月×日	23*	−25.15	24.15	5	24.05	5	15	24.05	10	25	24.0	20.35	3	无			
××年×月×日	31*	−25.15	24.15	5	24.05	5	15	24.05	10	20	24.2	20.35	3	无			
××年×月×日	34*	−25.15	24.15	5	24.05	10	20	24.00	15	30	24.3	20.35	3	无			
××年×月×日	37*	−25.15	24.15	5	24.05	5	15	24.05	10	30	24.4	20.35	4	无			
××年×月×日	41*	−25.15	24.15	5	24.05	10	15	24.00	15	30	24.5	20.35	3	无			

参加人员	监理(建设)单位	施工单位		
		专业技术负责人	质检员	记录人
	×××	×××	×××	×××

质量验收记录

6.1 检验批工程质量验收记录

6.1.1 地基处理工程检验批质量验收记录

素土、灰土地基检验批质量验收记录

单位(子单位)工程名称		××大厦	分部(子分部)工程名称	地基与基础/地基	分项工程名称	素土、灰土地基
施工单位		××建筑有限公司	项目负责人	×××	检验批容量	1600m²
分包单位		/	分包单位项目负责人	/	检验批部位	1～7/A～C轴地基
施工依据		《建筑地基处理技术规范》JGJ 79—2012		验收依据	《建筑地基基础工程施工质量验收规范》GB 50202—2018	
		验收项目	设计要求及规范规定	最小/实际抽样数量	检查记录	检查结果
主控项目	1	地基承载力	设计要求	/	设计要求为180kPa,试验合格,报告编号	√
	2	配合比	设计要求	/	设计要求2∶8灰土,符合要求	√
	3	压实系数	设计要求	/	设计要求压实系数为95%,检验合格,报告编号×××	√
一般项目	1	石灰粒径(mm)	≤5	/	检验合格,报告编号×××	√
	2	土料有机质含量(%)	≤5	/	检验合格,报告编号×××	√
	3	土颗粒粒径(mm)	≤15	/	检验合格,报告编号×××	√
	4	含水量(与要求的最优含水量比较)(%)	±2	/	检验合格,报告编号×××	√
	5	分层厚度偏差(与设计要求比较)(mm)	±50	9/9	抽查9处,合格9处	100%
施工单位检查结果		符合要求 专业工长:××× 项目专业质量检查员:××× ××年×月×日				
监理单位验收结论		合格 专业监理工程师:××× ××年×月×日				

147

砂和砂石地基检验批质量验收记录

01010201 001

单位(子单位) 工程名称		××大厦	分部(子分部) 工程名称	地基与基础/ 地基	分项工程名称	砂和砂石地基
施工单位		××建筑有限公司	项目负责人	×××	检验批容量	1600m²
分包单位		/	分包单位项目 负责人	/	检验批部位	1～7/A～C 轴地基
施工依据		《建筑地基处理技术规范》 JGJ 79—2012		验收依据	《建筑地基基础工程施工质量验 收规范》GB 50202—2018	

		验收项目	设计要求及 规范规定	最小/实际抽 样数量	检查记录	检查结果
主控项目	1	地基承载力	设计要求	/	试验合格,报告编号××××	✓
	2	配合比	设计要求	/	砂石地基配合比符合设计要求	✓
	3	压实系数	设计要求	/	检验合格,报告编号××××	✓
一般项目	1	砂、石料有机质含量(%)	≤5	/	检验合格,报告编号××××	✓
	2	砂、石料含泥量(%)	≤5	/	检验合格,报告编号××××	✓
	3	石料粒径(mm)	≤100	/	检验合格,报告编号××××	✓
	4	分层厚度(与设计要求 比较)(mm)	±50	16/16	抽查16处,合格16处	100%

施工单位 检查结果	符合要求 专业工长:××× 项目专业质量检查员:××× ××年××月××日
监理单位 验收结论	合格 专业监理工程师:××× ××年××月××日

土工合成材料地基检验批质量验收记录

01010301 001

单位(子单位)工程名称	××大厦	分部(子分部)工程名称	地基与基础/地基	分项工程名称	土工合成材料地基
施工单位	××建筑有限公司	项目负责人	×××	检验批容量	1600m²
分包单位	/	分包单位项目负责人	/	检验批部位	1～7/A～C轴地基
施工依据	《建筑地基处理技术规范》JGJ 79—2012		验收依据	《建筑地基基础工程施工质量验收规范》GB 50202—2018	

		验收项目	设计要求及规范规定	最小/实际抽样数量	检查记录	检查结果
主控项目	1	地基承载力	设计要求	/	现场检测合格,检测报告编号××××	√
	2	土工合成材料强度(%)	≤5	/	检验合格,报告编号××××	√
	3	土工合成材料延伸率(%)	≤3	/	检验合格,报告编号××××	√
一般项目	1	土工合成材料搭接长度(mm)	≥300	16/16	抽查16处,合格16处	100%
	2	土石料有机质含量(%)	≤5	16/16	抽查16处,合格16处	100%
	3	层面平整度(mm)	±20	16/16	抽查16处,合格16处	100%
	4	分层厚度(mm)	±25	16/16	抽查16处,合格16处	100%

施工单位检查结果	符合要求 专业工长:××× 项目专业质量检查员:××× ××年××月××日
监理单位验收结论	合格 专业监理工程师:××× ××年××月××日

149

粉煤灰地基检验批质量验收记录

01010401 001

单位(子单位)工程名称		××大厦	分部(子分部)工程名称	地基与基础/地基	分项工程名称	粉煤灰地基
施工单位		××建筑有限公司	项目负责人	×××	检验批容量	1600m²
分包单位		/	分包单位项目负责人	/	检验批部位	1～7/A～C轴地基
施工依据		《建筑地基处理技术规范》JGJ 79—2012		验收依据	《建筑地基基础工程施工质量验收规范》GB 50202—2018	

		验收项目	设计要求及规范规定	最小/实际抽样数量	检查记录	检查结果
主控项目	1	地基承载力	设计要求	/	检验合格,报告编号××××	√
	2	压实系数	设计要求	16/16	抽查16处,合格16处	√
一般项目	1	粉煤灰粒径(mm)	0.001～2.000	/	检验合格,报告编号××××	√
	2	氧化铝及二氧化硅含量(%)	≥70	/	检验合格,报告编号××××	√
	3	烧失量(%)	≤12	/	检验合格,报告编号××××	√
	4	每层铺筑厚度(mm)	±50	16/16	抽查16处,合格15处	93.8%
	5	含水量(与最优含水量比较)(%)	±4	16/16	抽查16处,合格16处	100%
施工单位检查结果		符合要求 　　专业工长:××× 项目专业质量检查员:××× 　　　　　　　　　　　　　　　　　　　　　　　××年××月××日				
监理单位验收结论		合格 　　　　专业监理工程师:××× 　　　　　　　　　　　　　　　　　　　　　　　××年××月××日				

强夯地基检验批质量验收记录

01010501 001

单位(子单位)工程名称	××大厦	分部(子分部)工程名称	地基与基础/地基	分项工程名称	强夯地基
施工单位	××建筑有限公司	项目负责人	×××	检验批容量	1600m²
分包单位	/	分包单位项目负责人	/	检验批部位	1～7/A～C轴地基
施工依据	《建筑地基处理技术规范》JGJ 79—2012		验收依据	《建筑地基基础工程施工质量验收规范》GB 50202—2018	

		验收项目	设计要求及规范规定	最小/实际抽样数量	检查记录	检查结果
主控项目	1	地基承载力	不小于设计值	/	试验合格,报告编号××××	√
	2	处理后地基土的强度	不小于设计值	/	检验合格,报告编号××××	√
	3	变形指数	设计值	/	检验合格,报告编号××××	√
一般项目	1	夯锤落距(mm)	±300	16/16	抽查16处,合格16处	100%
	2	夯锤质量(kg)	±100	16/16	抽查16处,合格16处	100%
	3	夯击遍数	不小于设计值	16/16	抽查16处,合格16处	100%
	4	夯击顺序	设计要求	16/16	抽查16处,合格16处	100%
	5	夯击击数	不小于设计值	16/16	抽查16处,合格16处	100%
	6	夯点位置(mm)	±500	16/16	抽查16处,合格16处	100%
	7	夯击范围(超出基础范围距离)	设计要求	16/16	抽查16处,合格16处	100%
	8	前后两遍间歇时间	设计值	/	经检查,符合设计要求,施工记录编号××××	√
	9	最后两击平均夯沉量	设计值	16/16	抽查16处,合格16处	100%
	10	场地平整度(mm)	±100	16/16	抽查16处,合格16处	100%

施工单位检查结果	符合要求 专业工长:××× 项目专业质量检查员:××× ××年××月××日
监理单位验收结论	合格 专业监理工程师:××× ××年××月××日

注浆地基检验批质量验收记录

01010601 ___001___

单位(子单位)工程名称	××大厦	分部(子分部)工程名称	地基与基础/地基	分项工程名称	注浆地基
施工单位	××建筑有限公司	项目负责人	×××	检验批容量	600m²
分包单位	/	分包单位项目负责人	/	检验批部位	1～7/A～C轴地基
施工依据	《建筑地基处理技术规范》JGJ 79—2012		验收依据	《建筑地基基础工程施工质量验收规范》GB 50202—2018	

		验收项目		设计要求及规范规定	最小/实际抽样数量	检查记录	检查结果
主控项目	1	地基承载力		不小于设计值	/	检验合格,报告编号××××	√
	2	处理后地基土的强度		不小于设计值	/	检验合格,报告编号××××	√
	3	变形指标		设计值	/	检验合格,报告编号××××	√
一般项目	1	原材料检验	水泥	设计要求	/	检验合格,报告编号××××	√
		注浆用砂 粒径(mm)		<2.5	/	检验合格,报告编号××××	√
		细度模数(%)		<2.0	/	检验合格,报告编号××××	√
		含泥量及有机物含量(%)		<3	/	检验合格,报告编号××××	√
		注浆用黏土 塑性指数		>14	/	检验合格,报告编号××××	√
		黏粒含量(%)		>25	/	检验合格,报告编号××××	√
		含砂量(%)		<5	/	检验合格,报告编号××××	√
		有机物含量(%)		<3	/	检验合格,报告编号××××	√
		粉煤灰 细度模数		不粗于同时使用的水泥	/	试验合格,报告编号××××	√
		烧失量(%)		<3%	/	检验合格,报告编号××××	√
		水玻璃:模数		3.0～3.3	/	检验合格,报告编号××××	√
		其他化学浆液		设计要求	/	检验合格,报告编号××××	√
	2	注浆材料称量(%)		<3	16/16	抽查16处,合格16处	100%
	3	注浆孔位(mm)		±20	16/16	抽查16处,合格16处	100%
	4	注浆孔深(mm)		±100	16/16	抽查16处,合格16处	100%
	5	注浆压力(与设计参数比)(%)		±10	16/16	抽查16处,合格16处	100%
施工单位检查结果			符合要求 专业工长:××× 项目专业质量检查员:××× ××年××月××日				
监理单位验收结论			合格 专业监理工程师:××× ××年××月××日				

预压地基检验批质量验收记录

01010701 001

单位(子单位)工程名称	××大厦	分部(子分部)工程名称	地基与基础/地基	分项工程名称	预压地基
施工单位	××建筑有限公司	项目负责人	×××	检验批容量	1600m²
分包单位	/	分包单位项目负责人	/	检验批部位	1~7/A~C轴地基
施工依据	《建筑地基处理技术规范》JGJ 79—2012		验收依据	《建筑地基基础工程施工质量验收规范》GB 50202—2018	

		验收项目	设计要求及规范规定	最小/实际抽样数量	检查记录	检查结果
主控项目	1	地基承载力	设计要求	/	检验合格,报告编号××××	√
	2	处理后地基土的强度	不小于设计值	/	检验合格,报告编号××××	√
	3	变形指标	设计值	/	检验合格,报告编号××××	√
一般项目	1	预压载荷(真空度)(%)	≤2	16/16	抽查16处,合格16处	100%
	2	固结度(与设计要求比)(%)	≤2	16/16	抽查16处,合格16处	100%
	3	沉降速率(与控制值比)(%)	±10	16/16	抽查16处,合格16处	100%
	4	水平位移(%)	±10	16/16	抽查16处,合格16处	100%
	5	竖向排水体位置(mm)	±100	16/16	抽查16处,合格16处	100%
	6	竖向排水体插入深度(mm)	±200	16/16	抽查16处,合格16处	100%
	7	插入塑料排水带时的回带长度(mm)	≤500	16/16	抽查16处,合格16处	100%
	8	塑料排水带或砂井高出砂垫层距离(mm)	≥200	16/16	抽查16处,合格16处	100%
	9	插入塑料排水带的回带根数(%)	<5	16/16	抽查16处,合格16处	100%
	10	砂垫层材料的含泥量(%)	≤5	/	检验合格,报告编号××××	√

施工单位检查结果	符合要求 专业工长:××× 项目专业质量检查员:××× ××年××月××日
监理单位验收结论	合格 专业监理工程师:××× ××年××月××日

砂石桩复合地基检验批质量验收记录

01010801 001

单位(子单位) 工程名称		××大厦	分部(子分部) 工程名称	地基与基础/ 地基	分项工程名称	砂石桩复合地基
施工单位		××建筑有限公司	项目负责人	×××	检验批容量	180根
分包单位		/	分包单位项目 负责人	/	检验批部位	1~7/A~C 轴地基
施工依据		《建筑地基处理技术规范》 JGJ 79—2012		验收依据	《建筑地基基础工程施工质量验收 规范》GB 50202—2018	

		验收项目	设计要求及 规范规定	最小/实际 抽样数量	检查记录	检查结果
主控项目	1	复合地基承载力	不小于设计值	/	检验合格,资料齐全,试验 报告编号××××	√
	2	桩体密实度	不小于设计值	/	检验合格,资料齐全,试验 报告编号××××	√
	3	填料量(%)	≥−5	36/36	抽查36根,合格36根	100%
	4	孔深	不小于设计值	/	检验合格,资料齐全,试验 报告编号××××	√
一般项目	1	填料的含泥量(%)	<5	36/36	抽查36根,合格36根	100%
	2	填料的有机质含量(%)	≤5	36/36	抽查36根,合格36根	100%
	3	填料粒径	设计要求	/	检验合格,资料齐全,试验 报告编号××××	√
	4	桩间土强度	不小于设计值	/	检验合格,资料齐全,试验 报告编号××××	√
	5	桩位(mm)	≤0.3D	36/36	抽查36根,合格36根	100%
	6	桩顶标高(mm)	不小于设计值	36/36	抽查36根,合格36根	100%
	7	密实电流	设计值	/	检验合格,资料齐全,试验 报告编号××××	√
	8	留振时间	设计值	/	检验合格,资料齐全,试验 报告编号××××	√
	9	褥垫层夯填度	≤0.9	36/36	抽查36根,合格36根	100%

施工单位 检查结果	符合要求 专业工长:××× 项目专业质量检查员:××× ××年××月××日
监理单位 验收结论	合格 专业监理工程师:××× ××年××月××日

高压喷射注浆地基检验批质量验收记录

01010901 001

单位(子单位)工程名称	××大厦	分部(子分部)工程名称	地基与基础/地基	分项工程名称	高压旋喷注浆地基
施工单位	××建筑有限公司	项目负责人	×××	检验批容量	560根
分包单位	/	分包单位项目负责人	/	检验批部位	1～7/A～C轴地基
施工依据	《建筑地基处理技术规范》JGJ 79—2012		验收依据	《建筑地基基础工程施工质量验收规范》GB 50202—2018	

		验收项目	设计要求及规范规定	最小/实际抽样数量	检查记录	检查结果
主控项目	1	复合地基承载力	不小于设计值	/	检验合格,资料齐全,试验报告编号××××	√
	2	单承载力	不小于设计值	/	检验合格,资料齐全,试验报告编号××××	√
	3	水泥用量	不小于设计值	/	检验合格,资料齐全,试验报告编号××××	√
	4	桩长	不小于设计值	/	检验合格,资料齐全,试验报告编号××××	√
	5	桩身强度	不小于设计值	/	检验合格,资料齐全,试验报告编号××××	√
一般项目	1	水胶比	设计值	/	检验合格,资料齐全,试验报告编号××××	√
	2	钻孔位置(mm)	≤50	112/112	抽查112根,合格112根	100%
	3	钻孔垂直度(%)	≤1/100	112/112	抽查112根,合格112根	100%
	4	桩位(mm)	≤0.2D	112/112	抽查112根,合格112根	100%
	5	桩体直径(mm)	≥-50	112/112	抽查112根,合格112根	100%
	6	桩顶标高	不小于设计值	/	检验合格,结果见施工记录××××	√
	7	喷射压力	设计值	/	检验合格,结果见施工记录××××	√
	8	提升速度	设计值	/	检验合格,结果见施工记录××××	√
	9	旋转速度	设计值	/	检验合格,结果见施工记录××××	√
	10	桩身中心允许偏差(mm)	≤0.2D	112/112	抽查112根,合格112根	100%

施工单位检查结果	符合要求 专业工长:××× 项目专业质量检查员:××× ××年××月××日
监理单位验收结论	合格 专业监理工程师:××× ××年××月××日

水泥土搅拌桩地基检验批质量验收记录

01011001 001

单位(子单位)工程名称	××大厦	分部(子分部)工程名称	地基与基础/地基	分项工程名称	水泥土搅拌桩地基
施工单位	××建筑有限公司	项目负责人	×××	检验批容量	560 根
分包单位	/	分包单位项目负责人	/	检验批部位	1～7/A～C 轴地基
施工依据	《建筑地基处理技术规范》JGJ 79—2012		验收依据	《建筑地基基础工程施工质量验收规范》GB 50202—2018	

		验收项目	设计要求及规范规定	最小/实际抽样数量	检查记录	检查结果
主控项目	1	复合地基承载力	不小于设计值	/	检验合格,资料齐全,试验报告编号××××	√
	2	单承载力	不小于设计值	/	检验合格,资料齐全,试验报告编号××××	√
	3	水泥用量	不小于设计值	/	检验合格,资料齐全,试验报告编号××××	√
	4	搅拌叶回转直径(mm)	±20	/	检验合格,结果见施工记录××××	√
	5	桩长	不小于设计值	/	检验合格,结果见施工记录××××	√
	6	桩身强度	不小于设计值	/	检验合格,结果见施工记录××××	√
一般项目	1	水胶比	设计值	/	检验合格,结果见施工记录××××	√
	2	提升速度	设计值	/	检验合格,结果见施工记录××××	√
	3	下沉速度	设计值	/	检验合格,结果见施工记录××××	√
	4	桩位 条基边桩沿轴线	≤1/4D	112/112	抽查 112 根,合格 112 根	100%
		垂直轴线	≤1/6D	112/112	抽查 112 根,合格 112 根	100%
		其他情况	≤2/5D	112/112	抽查 112 根,合格 112 根	100%
	5	桩顶标高(mm)	±200	112/112	抽查 112 根,合格 112 根	100%
	6	导向架垂直度	≤1.5	112/112	抽查 112 根,合格 112 根	100%
	7	褥垫层夯填度	≤0.9	112/112	抽查 112 根,合格 112 根	100%

施工单位检查结果	符合要求 专业工长:××× 项目专业质量检查员:××× ××年××月××日
监理单位验收结论	合格 专业监理工程师:××× ××年××月××日

土和灰土挤密桩复合地基检验批质量验收记录

01011101 001____

单位(子单位) 工程名称		××大厦	分部(子分部) 工程名称		地基与基础/ 地基	分项工程名称		土和灰土挤密桩 复合地基
施工单位		××建筑有限公司	项目负责人		×××	检验批容量		560 根
分包单位		/	分包单位项目 负责人		/	检验批部位		1~7/A~C 轴地基
施工依据		《建筑地基处理技术规范》 JGJ 79—2012		验收依据		《建筑地基基础工程施工质量验收 规范》GB 50202—2002		

		验收项目		设计要求及 规范规定	最小/实际 抽样数量	检查记录	检查结果
主控项目	1	地基承载力		符合设计要求	/	检验合格,报告编号 ××××	√
	2	桩体填料平均压实系数		≥0.97	/	检验合格,报告编号 ××××	√
	3	桩长(mm)		不小于设计值	112/112	抽查 112 根,合格 112 根	√
一般项目	1	桩径(mm)		−20	112/112	抽查 112 根,合格 112 根	√
	2	土料有机质含量(%)		≤5	112/112	抽查 112 根,合格 112 根	100%
	3	石灰粒径(mm)		≤5	112/112	抽查 112 根,合格 112 根	100%
	4	桩位	条基边桩 沿轴线	≤1/4D	112/112	抽查 112 根,合格 112 根	100%
			垂直轴线	≤1/6D	/	/	
			其他情况	≤2/5D	/	/	
	5	桩径(mm)		+50	112/112	抽查 112 根,合格 112 根	100%
	6	桩顶标高(mm)		±200	112/112	抽查 112 根,合格 112 根	100%
	7	垂直度		≤1/100	112/112	抽查 112 根,合格 112 根	100%
	8	砂、碎石褥垫层夯填度		≤0.9	112/112	抽查 112 根,合格 112 根	100%
	9	灰土垫层压实系数		≥0.95	112/112	抽查 112 根,合格 112 根	100%

施工单位 检查结果	符合要求 专业工长:××× 项目专业质量检查员:××× ××年××月××日
监理单位 验收结论	合格 专业监理工程师:××× ××年××月××日

水泥粉煤灰碎石桩复合地基检验批质量验收记录

01011201 001

单位(子单位) 工程名称	××大厦	分部(子分部) 工程名称	地基与基础/ 地基	分项工程名称	水泥粉煤灰碎石 桩复合地基
施工单位	××建筑有限公司	项目负责人	×××	检验批容量	560 根
分包单位	/	分包单位项目 负责人	/	检验批部位	1～7/A～C 轴地基
施工依据	《建筑地基处理技术规范》 JGJ 79—2012		验收依据	《建筑地基基础工程施工质量验收 规范》GB 50202—2018	

		验收项目	设计要求及 规范规定	最小/实际 抽样数量	检查记录	检查结果
主控项目	1	复合地基承载力	不小于设计值	/	检验合格,资料齐全,试验 报告编号××××	√
	2	单桩承载力	不小于设计值	/	检验合格,资料齐全,试验 报告编号××××	√
	3	桩长	不小于设计值	/	检验合格,资料齐全,试验 报告编号××××	√
	4	桩径(mm)	+50	112/112	抽查 112 根,合格 112 根	100%
	5	桩身完整性	—	112/112	抽查 112 根,合格 112 根	100%
	6	桩身强度	不小于设计值	/	检验合格,资料齐全,试验 报告编号××××	√
一般项目	1	桩位 — 条基边桩 沿轴线	≤1/4D	112/112	抽查 112 根,合格 112 根	100%
		桩位 — 垂直轴线	≤1/6D	112/112	抽查 112 根,合格 112 根	100%
		桩位 — 其他情况	≤2/5D	112/112	抽查 112 根,合格 112 根	100%
	2	桩顶标高(mm)	±200	112/112	抽查 112 根,合格 112 根	100%
	3	桩垂直度	≤1/100	112/112	抽查 112 根,合格 112 根	100%
	4	混合料坍落度(mm)	160～220	112/112	抽查 112 根,合格 112 根	100%
	5	混合料充盈系数	≥1.0	112/112	抽查 112 根,合格 112 根	100%
	6	褥垫层夯填度	≤0.9	112/112	抽查 112 根,合格 112 根	100%

施工单位 检查结果	符合要求 专业工长:××× 项目专业质量检查员:××× ××年××月××日
监理单位 验收结论	合格 专业监理工程师:××× ××年××月××日

夯实水泥土桩复合地基检验批质量验收记录

01011301 001

单位(子单位)工程名称	××大厦	分部(子分部)工程名称	地基与基础/地基	分项工程名称	夯实水泥土桩复合地基
施工单位	××建筑有限公司	项目负责人	×××	检验批容量	140根
分包单位	/	分包单位项目负责人	/	检验批部位	1～7/A～C 轴地基
施工依据	《建筑地基处理技术规范》JGJ 79—2012		验收依据	《建筑地基基础工程施工质量验收规范》GB 50202—2018	

		验收项目	设计要求及规范规定	最小/实际抽样数量	检查记录	检查结果
主控项目	1	复合地基承载力	不小于设计值	/	检验合格,资料齐全,试验报告编号××××	√
	2	桩体填料平均压实系数	≥0.97	/	检验合格,资料齐全,试验报告编号××××	√
	3	桩长	不小于设计值	/	检验合格,资料齐全,试验报告编号××××	√
	4	桩身强度	不小于设计值	/	检验合格,资料齐全,试验报告编号××××	√
一般项目	1	土料有机质含量	≤5%	/	检验合格,资料齐全,试验报告编号××××	√
	2	土料粒径(mm)	≤20	/	检验合格,资料齐全,试验报告编号××××	√
	3	下沉速度	设计值	28/28	抽查28根,合格28根	100%
	4	桩位	条基边桩沿轴线 ≤1/4D	28/28	抽查28根,合格28根	100%
			垂直轴线 ≤1/6D	/	/	
			其他情况 ≤2/5D	/	/	
	5	桩径(mm)	+50	28/28	抽查28根,合格28根	100%
	6	桩顶标高(mm)	±200	28/28	抽查28根,合格28根	100%
	7	桩顶垂直度(%)	≤1.5	28/28	抽查28根,合格28根	100%
	8	褥垫层夯填度	≤0.9	28/28	抽查28根,合格28根	100%

施工单位检查结果	符合要求 专业工长:××× 项目专业质量检查员:××× ××年××月××日
监理单位验收结论	合格 专业监理工程师:××× ××年××月××日

6.1.2 基础工程检验批质量验收记录

钢筋混凝土预制桩检验批质量验收记录

01020702 001

单位(子单位)工程名称		××大厦	分部(子分部)工程名称	地基与基础/基础	分项工程名称	锤击预制桩基础
施工单位		××建筑有限公司	项目负责人	×××	检验批容量	100根
分包单位		/	分包单位项目负责人	/	检验批部位	1～7/A～C轴桩基
施工依据		《建筑桩基技术规范》JGJ 94—2008	验收依据		《建筑地基基础工程施工质量验收规范》GB 50202—2018	

		验收项目	设计要求及规范规定	最小/实际抽样数量	检查记录	检查结果
主控项目	1	承载力	不小于设计值	/	检验合格,报告编号××××	√
	2	桩身完整性	设计要求	/	检验合格,报告编号××××	√
一般项目	1	成品桩质量	表面平整,颜色均匀,掉角深度＜10mm,蜂窝面积小于总面积0.5%	10/10	抽查10根,合格10根	100%
	2	桩位	符合规范要求	10/10	抽查10根,合格10根	100%
	3	电焊条质量	设计要求	10/10	抽查10根,合格10根	100%
	4	接桩:焊缝质量	符合规范要求	10/10	抽查10根,合格10根	100%
		电焊结束后停歇时间(min)	≥8(3)	/	检验合格,结果见施工记录××××	√
		上下节平面偏差(mm)	≤10	10/10	抽查10根,合格10根	100%
		节点弯曲矢高	同桩体弯曲要求	10/10	抽查10根,合格10根	100%
	5	收锤标准	设计要求	10/10	抽查10根,合格10根	100%
	6	桩顶标高(mm)	±50	10/10	抽查10根,合格10根	100%
	7	垂直度	≤1/100	10/10	抽查10根,合格10根	100%

施工单位检查结果	符合要求 专业工长:××× 项目专业质量检查员:××× ××年××月××日
监理单位验收结论	合格 专业监理工程师:××× ××年××月××日

混凝土灌注桩检验批质量验收记录

01020802 002

单位(子单位)工程名称	××大厦	分部(子分部)工程名称	地基与基础/基础	分项工程名称	泥浆护壁成孔灌注桩基础
施工单位	××建筑有限公司	项目负责人	×××	检验批容量	30根
分包单位	/	分包单位项目负责人	/	检验批部位	1~7/A~C轴桩基
施工依据	《建筑桩基技术规范》JGJ 94—2008		验收依据	《建筑地基基础工程施工质量验收规范》GB 50202—2018	

		验收项目		设计要求及规范规定		最小/实际抽样数量	检查记录	检查结果
主控项目	1	承载力		不小于设计值		/	检验合格,资料齐全,报告编号××××	√
	2	孔深(mm)		不小于设计值		全/30	共30处,全部检查,合格30处	√
	3	桩身完整性		—			检验合格,资料齐全,报告编号××××	√
	4	混凝土强度		设计要求 C30		/	试验合格,报告编号××××	√
	5	嵌岩深度		不小于设计值		/	试验合格,报告编号××××	√
一般项目	1	垂直度		≤1/100		全/30	共30处,全部检查,合格30处	100%
	2	孔径		≥0		全/30	共30处,全部检查,合格30处	100%
	3	桩位		$D<$1000mm	≤70+0.01H	全/30	共30处全部检查,合格30处	100%
				$D≥$1000mm	≤70+0.01H			
	4	泥浆指标	比重(黏土或砂性土中)	1.10~1.25		全/30	共30处,全部检查,合格30处	100%
			含砂率(%)	≤8				
			黏度(s)	18~28				
	5	泥浆面标高(高于地下水位)(m)		0.5~1.0		全/30	共30处,全部检查,合格30处	100%
	6	钢筋笼质量	主筋间距(mm)	±10		全/30	共30处,全部检查,合格30处	100%
			长度(mm)	±100		全/30	共30处,全部检查,合格30处	100%
			钢筋材质检验	设计要求		全/30	共30处,全部检查,合格30处	100%
			箍筋间距(mm)	±20		全/30	共30处,全部检查,合格30处	100%
			笼直径(mm)	±10		全/30	共30处,全部检查,合格30处	100%
	7	沉渣厚度	端承桩(mm)	≤50		全/30	共30处,全部检查,合格30处	100%
			摩擦桩(mm)	≤150		/	/	
	8	混凝土坍落度(mm)		180~220		全/30	共30处,全部检查,合格30处	100%
	9	钢筋笼安装深度(mm)		±100		全/30	共30处,全部检查,合格30处	100%
	10	混凝土充盈系数		>1		全/30	共30处,全部检查,合格30处	100%
	11	桩顶标高(mm)		+30,−50		全/30	共30处,全部检查,合格30处	100%
	12	后注浆	注浆终止条件	注浆量不小于设计要求		全/30	共30处,全部检查,合格30处	100%
			水胶比	设计值		全/30	共30处,全部检查,合格30处	100%
	13	扩底桩	扩底直径	不小于设计要求		/	试验合格,报告编号××××	√
			扩底高度	不小于设计要求		/	试验合格,报告编号××××	√

施工单位检查结果	符合要求 专业工长:××× 项目专业质量检查员:××× ××年××月××日
监理单位验收结论	合格 专业监理工程师:××× ××年××月××日

钢桩检验批质量验收记录表

01021201 001

单位(子单位)工程名称		××大厦	分部(子分部)工程名称	地基与基础/基础	分项工程名称	钢桩基础
施工单位		××建筑有限公司	项目负责人	×××	检验批容量	100根
分包单位		/	分包单位项目负责人	/	检验批部位	1～7/A～C 轴桩基
施工依据		《建筑桩基技术规范》JGJ 94—2008		验收依据	《建筑地基基础工程施工质量验收规范》GB 50202—2018	

		检查项目		设计要求及规范规定	最小/实际抽样数量	检查记录	检查结果
主控项目	1	承载力		不小于设计值	/	试验合格,报告编号××××	√
	2	钢桩外径或断面尺寸	桩端(mm)	≤0.5%D	/	试验合格,报告编号××××	√
			桩身(mm)	≤0.1%D	/	试验合格,报告编号××××	√
	3	桩长		不小于设计值	/	试验合格,报告编号××××	√
	4	矢高(mm)		≤1‰l	/	试验合格,报告编号××××	√
一般项目	1	桩位		符合规范要求	20/20	抽查20根,合格20根	100%
	2	垂直度		≤1/100	20/20	抽查20根,合格20根	100%
	3	端部平整度(mm)		≤2(H型桩≤1)	20/20	抽查20根,合格20根	100%
	4	H钢桩的方正度(mm)		$h≥300$: $T+T'≤8$	20/20	抽查20根,合格20根	100%
				$h<300$: $T+T'≤6$	/	/	
	5	端部平面与桩身中心线的倾斜值(mm)		≤2	20/20	抽查20根,合格20根	100%
	6	上下节桩错口	钢管桩外径≥700(mm)	≤3	20/20	抽查20根,合格20根	100%
			钢管桩外径<700(mm)	≤2	/	/	
			H型钢桩(mm)	≤1	/	/	
	7	焊缝	咬边深度(mm)	≤0.5	20/20	抽查20根,合格20根	100%
			加强层高度(mm)	≤2	20/20	抽查20根,合格20根	100%
			加强层宽度(mm)	≤3	20/20	抽查20根,合格20根	100%
	8	焊缝电焊质量外观		无气孔,无焊瘤,无裂缝	20/20	抽查20根,合格20根	100%
	9	焊缝探伤检验		设计要求	/	试验合格,报告编号××××	√
	10	焊接线路束后停歇时间(min)		≥1	/	检验合格,结果见施工记录××××	√
	11	节点弯曲矢高(mm)		±1‰l	20/20	抽查20根,合格20根	100%
	12	桩顶标高(mm)		±50	20/20	抽查20根,合格20根	100%
	13	收锤标准		设计要求	/	检验合格,施工记录编号××××	√
施工单位检查结果		符合要求 专业工长:××× 项目专业质量检查员:××× ××年××月××日					
监理单位验收结论		合格 专业监理工程师:××× ××年××月××日					

锚杆静压桩基础检验批质量验收记录

01021301 001

单位(子单位) 工程名称	××大厦		分部(子分部) 工程名称	地基与基础/ 基础	分项工程名称		锚杆静压桩基础
施工单位	××建筑有限公司		项目负责人	×××	检验批容量		100根
分包单位	/		分包单位项目 负责人	/	检验批部位		1~7/A~C 轴桩基
施工依据	《建筑桩基技术规范》 JGJ 94—2008			验收依据	《建筑地基基础工程施工质量验收规范》 GB 50202—2018		

		验收项目			设计要求及 规范规定	最小/实际 抽样数量	检查记录	检查结果
主控项目	1	桩体质量检验			不小于设计值	/	检验合格,报告编号××××	√
	2	桩长			不小于设计值	全/100	共100根,全部检查, 合格100根	√
一般项目	1	桩位			验收规范表5.1.4	20/20	抽查20根,合格20根	100%
	2	垂直度			≤1/100	20/20	抽查20根,合格20根	100%
	3	成品桩质量	外观、外形尺寸	钢桩	验收规范表 5.10.4	20/20	抽查20根,合格20根	100%
				钢筋混凝 土预制桩	验收规范表 5.5.4-1	/	/	
			强度		不小于设计要求	/	检验合格,报告编号××××	√
	4	接桩	电焊接桩焊缝质量		验收规范表5.10.4	20/20	抽查20根,合格20根	100%
			焊接结束后 停歇时间(min)	钢桩	≥1	/	检验合格,结果见施工记录 ××××	√
				钢筋混凝 土预制桩	≥6(3)	/	/	
	5	电焊条质量			设计要求	20/20	抽查20根,合格20根	100%
	6	压桩压力设计有要求时(%)			≤10	20/20	抽查20根,合格20根	100%
	7	接桩时上下节平面偏差(mm)			≤10	20/20	抽查20根,合格20根	100%
		接桩时节点弯曲矢高(mm)			≤1‰l	20/20	抽查20根,合格20根	100%
	8	桩顶标高(mm)			±50	20/20	抽查20根,合格20根	100%

施工单位 检查结果	符合要求 专业工长:××× 项目专业质量检查员:××× ××年××月××日
监理单位 验收结论	合格 专业监理工程师:××× ××年××月××日

沉井与沉箱基础检验批质量验收记录

01021501 001

单位(子单位)工程名称		××大厦		分部(子分部)工程名称	地基与基础/基础	分项工程名称	沉井与沉箱基础
施工单位		××建筑有限公司		项目负责人	×××	检验批容量	1件
分包单位		/		分包单位项目负责人	/	检验批部位	沉井
施工依据		《高层建筑筏形与箱形基础技术规范》JGJ 6—2011			验收依据	《建筑地基基础工程施工质量验收规范》GB 50202—2018	

		验收项目			设计要求及规范规定	最小/实际抽样数量	检查记录	检查结果
主控项目	1	混凝土强度			设计要求 C=30	/	检验合格,报告编号××××	√
	2	井(箱)壁厚度(mm)			±15	全/1	检查1件,合格1件	√
	3	封底前下沉速率(mm/8h)			≤10	全/1	检查1件,合格1件	√
	4	刃脚平均标高(mm)	沉井		±100	全/1	检查1件,合格1件	√
			沉箱		±50	/	/	
	5	终沉后	刃脚中心线位移(mm)	沉井 $H_3 \geq 10m$	≤1%H_3	全/1	检查1件,合格1件	
				$H_3 < 10m$	≤100	/	/	
			沉箱 $H_3 \geq 10m$	≤0.5%H_3	/	/	√
				$H_3 < 10m$	≤50	/	/	
	6		四角中任何两角高差(mm)	沉井 $L_2 \geq 10m$	≤1%L_2 且≤300	全/1	检查1件,合格1件	
				$L_2 < 10m$	≤100	/	/	√
			沉箱 $L_2 \geq 10m$	≤0.5%L_2 且≤150	/	/	
				$L_2 < 10m$	≤50	/	/	
一般项目	1	平面尺寸	长度(mm)		±0.5%L_1 且≤50	全/1	检查1件,合格1件	100%
			宽度(mm)		±0.5%B 且≤50	全/1	检查1件,合格1件	100%
			高度(mm)		±30	全/1	检查1件,合格1件	100%
			直径(圆形沉箱)(mm)		±0.5%D 且≤100	全/1	检查1件,合格1件	100%
			对角线(mm)		≤0.5%线长且≤100	全/1	检查1件,合格1件	100%
	2	垂直度			≤1/100	全/1	检查1件,合格1件	100%
	3	预埋件中心线位置(mm)			≤20	全/1	检查1件,合格1件	100%
	4	预留孔(洞)位移(mm)			≤20	全/1	检查1件,合格1件	100%
	5	下沉过程中	四角高差	沉井	≤1.5%L_1~2.0%L_1 且≤500mm	全/1	检查1件,合格1件	100%
				沉箱	≤1.0%L_1~1.5%L_1 且≤450mm	/	/	
	6		中心位移	沉井	≤1.5%H_2 且≤300mm	全/1	检查1件,合格1件	100%
				沉箱	≤1%H_2 且≤150mm	/	/	

施工单位检查结果	符合要求 专业工长:××× 项目专业质量检查员:××× ××年××月××日
监理单位验收结论	合格 专业监理工程师:××× ××年××月××日

6.1.3 基坑支护工程检验批质量验收记录

钢板桩围护墙检验批质量验收记录

01030201 001

单位(子单位)工程名称	××大厦	分部(子分部)工程名称	地基与基础/基坑支护	分项工程名称	钢板桩围护墙
施工单位	××建筑有限公司	项目负责人	×××	检验批容量	180根
分包单位	/	分包单位项目负责人	/	检验批部位	1～7轴局部基槽边坡
施工依据	《建筑桩基技术规范》 JGJ 94—2008		验收依据	《建筑地基基础工程施工质量验收规范》 GB 50202—2018	

		验收项目	设计要求及规范规定	最小/实际抽样数量	检查记录	检查结果
主控项目	1	桩长	不小于设计长度	36/36	抽查36根,合格36根	√
	2	桩身弯曲度(mm)	<	36/36	抽查36根,合格36根	√
	3	桩顶标高(mm)	±100	36/36	抽查36根,合格36根	√
一般项目	1	齿槽平直度及光滑度	无电焊渣或毛刺	36/36	抽查36根,合格36根	100%
	2	沉桩垂直度	≤1/100	36/36	抽查36根,合格36根	100%
	3	轴线位置(mm)	±100	36/36	抽查36根,合格36根	100%
	4	齿槽咬合程度	紧密	36/36	抽查36根,合格36根	100%

施工单位检查结果	符合要求 专业工长:××× 项目专业质量检查员:×××
监理单位验收结论	合格 专业监理工程师:××× ××年××月××日

混凝土板桩围护墙检验批质量验收记录

01030202 001

单位(子单位)工程名称		××大厦	分部(子分部)工程名称	地基与基础/基坑支护	分项工程名称	混凝土板桩围护墙
施工单位		××建筑有限公司	项目负责人	×××	检验批容量	180 根
分包单位		/	分包单位项目负责人	/	检验批部位	1～7轴局部基槽边坡
施工依据		《建筑桩基技术规范》 JGJ 94—2008		验收依据	《建筑地基基础工程施工质量验收规范》 GB 50202—2018	

		验收项目	设计要求及规范规定	最小/实际抽样数量	检查记录	检查结果
主控项目	1	桩长	不小于设计值	36/36	抽查36根,合格36根	√
	2	桩身弯曲度(mm)	$\leqslant 0.1\%L$ ($L=12000mm$)	36/36	抽查36根,合格36根	√
	3	桩身厚度(mm)	＋100	36/36	抽查36根,合格36根	
	4	凹凸槽尺寸(mm)	±3	36/36	抽查36根,合格36根	
	5	桩顶标高(mm)	±100	36/36	抽查36根,合格36根	
一般项目	1	保护层厚度(mm)	±5	36/36	抽查36根,合格35根	97.2％
	2	模截面相对两面之差(mm)	$\leqslant 5$	36/36	抽查36根,合格36根	100％
	3	桩尖对桩轴线的位移(mm)	$\leqslant 10$	36/36	抽查36根,合格36根	100％
	4	沉桩垂直度	$\leqslant 1/100$	36/36	抽查36根,合格35根	97.2％
	5	轴线位置(mm)	$\leqslant 100$	36/36	抽查36根,合格35根	97.2％
	6	板缝间隙(mm)	$\leqslant 20$	36/36	抽查36根,合格35根	97.2％

| 施工单位检查结果 | 符合要求

专业工长:×××
项目专业质量检查员:×××

××年××月××日 |
|---|---|
| 监理单位验收结论 | 合格

专业监理工程师:×××

××年××月××日 |

166

土钉墙检验批质量验收记录

01030501 001

单位(子单位) 工程名称		××大厦		分部(子分部) 工程名称	地基与基础/基 坑支护		分项工程名称	土钉墙
施工单位		××建筑有限公司		项目负责人	×××		检验批容量	200 根
分包单位		/		分包单位项目 负责人	/		检验批部位	1～3/A～C 土钉墙
施工依据		《建筑地基处理技术规范》 JGJ 79—2012			验收依据		《建筑地基基础工程施工质量验收规范》 GB 50202—2018	

		验收项目	设计要求及 规范规定	最小/实际 抽样数量	检查记录	检查结果
主控项目	1	抗拔承载力	不小于设计值	40/全	全数检查,锚杆锁定力 大于设计值	√
	2	土钉长度	不小于设计值	40/40	抽查 40 处,合格 40 处	√
	3	分层开挖厚度(mm)	±200	40/40	抽查 40 处,合格 40 处	√
一般项目	1	土钉位置(mm)	±100	40/40	抽查 40 处,合格 40 处	100%
	2	土钉直径	不小于设计值	40/40	抽查 40 处,合格 40 处	100%
	3	土钉孔倾斜度(°)	≤3	40/40	抽查 40 处,合格 40 处	100%
	4	水胶比	设计值	40/40	抽查 40 处,合格 40 处	100%
	5	注浆量	不小于设计值	全/200	共 200 处,全部检查, 合格 200 处	100%
	6	注浆压力	设计值	40/40	抽查 40 处,合格 40 处	100%
	7	浆体强度	不小于设计值	/	检验合格,报告编号××××	√
	8	钢筋网间距(mm)	±30	40/40	抽查 40 处,合格 40 处	100%
	9	土钉面层厚度(mm)	±10	40/40	抽查 40 处,合格 40 处	100%
	10	面层混凝土强度	不小于设计值	/	检验合格,报告编号××××	√
	11	预留土墩尺寸及间距(mm)	±500	40/40	抽查 40 处,合格 40 处	100%
	12	微型桩桩位(mm)	≤50	40/40	抽查 40 处,合格 40 处	100%
	13	微型桩垂直度	≤1/200	40/40	抽查 40 处,合格 40 处	100%
施工单位 检查结果		符合要求 专业工长:××× 项目专业质量检查员:××× 　　　　　　　　　　　　　　××年××月××日				
监理单位 验收结论		合格 专业监理工程师:××× 　　　　　　　　　　　　　　××年××月××日				

地下连续墙检验批质量验收记录表

01030601 001

单位(子单位)工程名称	××大厦	分部(子分部)工程名称	地基与基础/基坑支护	分项工程名称	地下连续墙
施工单位	××建筑有限公司	项目负责人	×××	检验批容量	60m²
分包单位	/	分包单位项目负责人	/	检验批部位	1~3/A~C地下连续墙
施工依据	《混凝土结构工程施工规范》GB 50666—2011		验收依据	《建筑地基基础工程施工质量验收规范》GB 50202—2018	

		验收项目		设计要求及规范规定	最小/实际抽样数量	检查记录	检查结果
主控项目	1	墙体强度		设计要求C30	全/全	检测合格,试验报告编号××××	√
	2	垂直度	临时结构	≤1/200	/	/	
			永久结构	≤1/300	20/20	抽查20处,合格20处	√
	3	槽段深度		不小于设计值	20/20	抽查20处,合格20处	100%
一般项目	1	导墙尺寸	宽度(设计墙厚+40mm)	±10	20/20	抽查20处,合格20处	100%
			垂直度	≤1/500	20/20	抽查20处,合格20处	100%
			导墙顶面平整度(mm)	±5	20/20	抽查20处,合格20处	100%
			导墙平面定位(mm)	≤10	20/20	抽查20处,合格20处	100%
			导墙顶标高(mm)	±20mm	20/20	抽查20处,合格20处	100%
	2	槽段宽度	临时结构	不小于设计值	/	/	
			永久结构	不小于设计值	20/20	抽查20处,合格20处	100%
	3	沉渣厚度	临时结构(mm)	≤50	/	/	
			永久结构(mm)	≤30	20/20	抽查20处,合格20处	100%
	4	沉渣厚度	临时结构(mm)	≤150	/	/	
			永久结构(mm)	≤100	20/20	抽查20处,合格20处	100%
	5	混凝土坍落度		180~220	20/20	抽查20处,合格20处	100%
	6	地下墙表面平整度	临时结构(mm)	±150	/	/	
			永久结构(mm)	±100	20/20	抽查20处,合格20处	100%
			预制地下连续墙(mm)	±20	20/20	抽查20处,合格20处	100%
	7	预制墙顶标高(mm)		±10	20/20	抽查20处,合格20处	100%
	8	预制墙中心位移(mm)		≤10	20/20	抽查20处,合格20处	100%
	9	永久结构的渗漏水		无渗漏,线流,且≤0.1L/(m²·d)	20/20	抽查20处,合格20处	100%

施工单位检查结果	符合要求 专业工长:××× 项目专业质量检查员:××× ××年××月××日
监理单位验收结论	合格 专业监理工程师:××× ××年××月××日

钢筋混凝土支撑系统检验批质量验收记录

01030801 001

单位(子单位) 工程名称	××大厦	分部(子分部) 工程名称	地基与基础/基 坑支护	分项工程名称	内支撑
施工单位	××建筑有限公司	项目负责人	×××	检验批容量	60个
分包单位	/	分包单位项目 负责人	/	检验批部位	1～7/A～C轴钢筋 混凝土支撑
施工依据	钢支撑系统施工方案		验收依据	《建筑地基基础工程施工质量验收规范》 GB 50202—2018	

		验收项目	设计要求及规 范规定	最小/实际 抽样数量	检查记录	检查结果
主控项目	1	混凝土强度	不小于设计值	/	检验合格,报告编号 ××××	√
	2	截面宽度(mm)	$+20$ 0	12/12	抽查12处,合格12处	√
	3	截面高度(mm)	$+20$ 0	12/12	抽查12处,合格12处	√
一般项目	1	标高(mm)	$±20$	12/12	抽查12处,合格12处	100%
	2	轴线平面位置(mm)	设计要求	12/12	抽查12处,合格12处	100%
	3	支撑与垫层或模板的 隔离措施	设计要求	12/12	抽查12处,合格12处	100%

施工单位 检查结果	符合要求 专业工长:××× 项目专业质量检查员:××× ××年××月××日
监理单位 验收结论	合格 专业监理工程师:××× ××年××月××日

钢支撑系统检验批质量验收记录

01030801 001

单位(子单位) 工程名称	××大厦		分部(子分部) 工程名称	地基与基础/基 坑支护	分项工程名称	内支撑
施工单位	××建筑有限公司		项目负责人	×××	检验批容量	60个
分包单位	/		分包单位项目 负责人	/	检验批部位	1～7/A～C轴 钢支撑
施工依据	钢支撑系统施工方案			验收依据	《建筑地基基础工程施工质量验收规范》 GB 50202—2018	

		验收项目	设计要求及 规范规定	最小/实际 抽样数量	检查记录	检查结果
主控项目	1	外轮廓(mm)尺寸(mm)	±5	12/12	抽查12处,合格12处	√
	2	预加顶力(kN)	±10%	12/12	抽查12处,合格12处	√
	3 钢立柱	截面尺寸(mm)	≤5	12/12	抽查12处,合格12处	√
		立柱长度(mm)	±50	12/12	抽查12处,合格12处	√
		垂直度	≤1/200	12/12	抽查12处,合格12处	√
一般项目	1	轴线平面位置(mm)	≤30	12/12	抽查12处,合格12处	100%
	2	连接质量	设计要求	12/12	抽查12处,合格12处	100%
	3 钢立柱	立柱挠度(mm)	≤l/500	12/12	抽查12处,合格12处	100%
		立柱截面尺寸(mm)	≥−1	12/12	抽查12处,合格12处	100%
		缀板间距(mm)	±20	12/12	抽查12处,合格12处	100%
		钢板厚度(mm)	≥−1	12/12	抽查12处,合格12处	100%
		立柱顶标高(mm)	±20	12/12	抽查12处,合格12处	100%
		平面位置(mm)	≤20	12/12	抽查12处,合格12处	100%
		平面转角(°)	≤5	12/12	抽查12处,合格12处	100%

施工单位 检查结果	符合要求 专业工长:××× 项目专业质量检查员:××× ××年××月××日
监理单位 验收结论	合格 专业监理工程师:××× ××年××月××日

锚杆检验批质量验收记录

01030901 001

单位(子单位)工程名称		××大厦	分部(子分部)工程名称	地基与基础/基坑支护	分项工程名称	锚杆
施工单位		××建筑有限公司	项目负责人	×××	检验批容量	200 根
分包单位		/	分包单位项目负责人	/	检验批部位	1～3/A～C 土钉墙
施工依据		《建筑地基处理技术规范》 JGJ 97—2012	验收依据		《建筑地基基础工程施工质量验收规范》 GB 50202—2018	

		验收项目	设计要求及规范规定	最小/实际抽样数量	检查记录	检查结果
主控项目	1	抗拔承载力	不小于设计值	/	设计要求为180kPa,试验合格,报告编号××××	√
	2	锚固体强度	不小于设计值	/	设计要求为180kPa,试验合格,报告编号××××	√
	3	预加力	不小于设计值	40/40	抽查40处,合格40处	√
	4	锚杆长度	不小于设计值	40/40	抽查40处,合格40处	√
一般项目	1	钻孔孔位(mm)	≤100	40/40	抽查40处,合格40处	100%
	2	锚杆直径	不小于设计值	40/40	抽查40处,合格40处	100%
	3	钻孔倾斜度(°)	≤3	40/40	抽查40处,合格40处	100%
	4	水胶比(或水泥砂浆配比)	设计值	40/40	抽查40处,合格40处	100%
	5	注浆量	不小于设计值	全/200	抽查200处,合格199处	99.5%
	6	注浆压力	设计值	40/40	抽查40处,合格40处	100%
	7	自由段套管长度(mm)	±50	40/40	抽查40处,合格40处	100%

施工单位检查结果	符合要求 专业工长:××× 项目专业质量检查员:××× ××年××月××日
监理单位验收结论	合格 专业监理工程师:××× ××年××月××日

6.1.4 地下水控制检验批质量验收记录

降水与排水检验批质量验收记录

01040101 <u>001</u>

单位(子单位)工程名称	××大厦	分部(子分部)工程名称	地基与基础/地下水控制	分项工程名称	降水与排水
施工单位	××建筑有限公司	项目负责人	×××	检验批容量	10个
分包单位	/	分包单位项目负责人	/	检验批部位	基坑降水
施工依据	基坑降排水施工方案	验收依据	《建筑地基基础工程施工质量验收规范》GB 50202—2018		

		验收项目	设计要求及规范规定	最小/实际抽样数量	检查记录	检查结果
主控项目	1	泥浆比重	1.05～1.10	/	/	
	2	滤料回填高度	+10%，0	/	/	
	3	封孔	设计要求	/	/	
	4	出水量	不小于设计值	2/2	抽查2处,合格2处	100%
一般项目	1	成孔孔径(mm) 轻型井点	±20	2/2	抽查2处,合格2处	100%
		成孔孔径(mm) 喷射井点	+50 0	/		
		成孔孔径(mm) 管井	±50	/		
	2	成孔深度(mm) 轻型、喷射井点	+1000 −200	2/2	抽查2处,合格2处	100%
		成孔深度(mm) 管井	+1000 −200	/		
	3	滤料回填量	不小于设计计算体积的95%	2/2	抽查2处,合格2处	100%
	4	井点管间距(m)	2～3	2/2	抽查2处,合格2处	100%
	5	扶中器	设计要求	/		
	6	活塞洗井 次数(次)	≥20	/		
		活塞洗井 时间(h)	≥2	/		
	7	沉淀物高度	≤5‰井深	/		
	8	含沙量(体积比)	≤1/20000	/		

施工单位检查结果	符合要求 专业工长：××× 项目专业质量检查员：××× ××年××月××日
监理单位验收结论	合格 专业监理工程师：××× ××年××月××日

6.1.5 土方工程检验批质量验收记录

土方开挖工程检验批质量验收记录

01050101 001

单位(子单位) 工程名称	××大厦		分部(子分部) 工程名称	地基与基础/ 土方	分项工程名称	土方开挖
施工单位	××建筑有限公司		项目负责人	×××	检验批容量	1600m²
分包单位	/		分包单位项目 负责人	/	检验批部位	1~7/A~C 轴土方
施工依据	土方开挖施工方案			验收依据	《建筑地基基础工程施工质量验收规范》 GB 50202—2018	

		验收项目	设计要求及规范规定		最小/实际 抽样数量	检查记录	检查结果
主控项目	1	标高	柱基、基坑、基槽		$\begin{matrix}0\\-50\end{matrix}$	10/10	抽查10处,合格10处	√
			场地平整	人工	±30	/	/	
				机械	±50	/	/	
			管沟		$\begin{matrix}0\\-50\end{matrix}$	/	/	
			地(路)面基础层		−50	/	/	
	2	长度、宽度(由设计中心线向两边量)	柱基、基坑、基槽		$\begin{matrix}+200\\-50\end{matrix}$	15/15	抽查15处,合格15处	√
			场地平整	人工	$\begin{matrix}+300\\-100\end{matrix}$	/	/	
				机械	$\begin{matrix}+500\\-150\end{matrix}$	/	/	
			管沟		$\begin{matrix}+100\\0\end{matrix}$	/	/	
	3	坡率	设计要求		17/17	抽查17处,合格17处	√
一般项目	1	表面平整度	桩基基坑基槽		20	10/10	抽查10处,合格10处	100%
			场地平整	人工	20	/	/	
				机械	50	/	/	
			管沟		20	/	/	
			地(路)面基础层		20	/	/	
	2	基底土性	设计要求		/	土性为软黏土, 符合设计要求	√

施工单位 检查结果	符合要求 专业工长:××× 项目专业质量检查员:××× ××年××月××日
监理单位 验收结论	合格 专业监理工程师:××× ××年××月××日

173

土方回填工程检验批质量验收记录

01050201 001

单位(子单位) 工程名称	××大厦		分部(子分部) 工程名称	地基与基础/ 土方	分项工程名称	土方回填
施工单位	××建筑有限公司		项目负责人	×××	检验批容量	50m²
分包单位	/		分包单位项目 负责人	/	检验批部位	1~7/A~C 轴土方
施工依据	《建筑地基处理技术规范》 JGJ 79—2012			验收依据	《建筑地基基础工程施工质量验收规范》 GB 50202—2018	

		验收项目	设计要求及规范规定		最小/实际 抽样数量	检查记录	检查结果
主控项目	1	标高	桩基基坑基槽	−50	10/10	抽查10处,合格10处	√
			场地平整 人工	±30	/	/	
			场地平整 机械	±50	/	/	
			管沟	−50	/	/	
			地(路)面基础层	−50	/	/	
	2	分层压实系数	设计要求		10/10	抽查10处,合格10处	√
一般项目	1	回填土料	设计要求		10/10	抽查10处,合格10处	100%
	2	分层厚度	设计要求		10/10	抽查10处,合格10处	100%
	3	含水量	最优含水量±4%		10/10	抽查10处,合格10处	100%
	4	表面平整度	桩基基坑基槽	20	10/10	抽查10处,合格10处	100%
			场地平整 人工	20	/	/	
			场地平整 机械	50	/	/	
			管沟	20	/	/	
			地(路)面基础层	20	/	/	
	5	有机质含量	≤5%		10/10	抽查10处,合格10处	100%
	6	辗迹重叠长度 (mm)	500~1000	20	10/10	抽查10处,合格10处	100%

施工单位 检查结果	符合要求 专业工长:××× 项目专业质量检查员:××× ××年××月××日
监理单位 验收结论	合格 专业监理工程师:××× ××年××月××日

6.1.6 边坡工程检验批质量验收记录

挡土墙工程检验批质量验收记录

01050201 <u>001</u>

单位(子单位) 工程名称	××大厦	分部(子分部) 工程名称	地基与基础/ 边坡	分项工程名称	挡土墙
施工单位	××建筑有限公司	项目负责人	×××	检验批容量	50m²
分包单位	/	分包单位项目 负责人	/	检验批部位	1～7/A～C轴 边坡
施工依据	《建筑边坡工程技术规范》 GB 50330—2013		验收依据	《建筑地基基础工程施工质量验收规范》 GB 50202—2018	

		验收项目		设计要求及 规范规定	最小/实际 抽样数量	检查记录	检查结果
主控项目	1	挡土墙埋置深度(mm)		±10	10/10	抽查10处,合格10处	✓
	2	墙身材料 强度	石材(MPa)	≥30	10/10	抽查10处,合格10处	✓
			混凝土	不小于设计值	/	/	
	3	分层压实系数		不小于设计值	10/10	抽查10处,合格10处	✓
一般项目	1	平面位置(mm)		≤50	10/10	抽查10处,合格10处	100%
	2	墙身、压顶断面尺寸		不小于设计值	10/10	抽查10处,合格10处	100%
	3	压顶顶面高程(mm)		±10	10/10	抽查10处,合格10处	100%
	4	墙背加筋材料强度、 延伸率		不小于设计值	10/10	抽查10处,合格10处	100%
	5	泄水孔尺寸(mm)		±3	10/10	抽查10处,合格10处	100%
	6	泄水孔的坡度		设计值	10/10	抽查10处,合格10处	100%
	7	伸缩缝、沉降缝宽度(mm)		+20 0	10/10	抽查10处,合格10处	100%
	8	轴线位置(mm)		≤30	10/10	抽查10处,合格10处	100%
	9	墙面倾斜率		≤0.5%	10/10	抽查10处,合格10处	100%
	10	墙表面平整度 (混凝土)(mm)		±10	10/10	抽查10处,合格10处	100%

施工单位 检查结果	符合要求 专业工长:××× 项目专业质量检查员:××× ××年××月××日
监理单位 验收结论	合格 专业监理工程师:××× ××年××月××日

6.1.7 地下防水工程检验批质量验收记录

防水混凝土检验批质量验收记录

01070101 001

单位(子单位) 工程名称	××大厦	分部(子分部) 工程名称	地基与基础/ 地下防水	分项工程名称	主体结构防水
施工单位	××建筑有限公司	项目负责人	×××	检验批容量	600m³
分包单位	—	分包单位项目 负责人	—	检验批部位	1～7/A～C轴 地下室外墙
施工依据	地下防水施工方案		验收依据	《地下防水工程质量验收规范》 GB 50208—2011	

		验 收 项 目	设计要求及 规范规定	最小/实际 抽样数量	检 查 记 录	检查 结果
主控项目	1	防水混凝土的原材料、配合比及坍落度	第4.1.14条	—	质量证明文件齐全,检验合格,报告编号××××	√
	2	防水混凝土的抗压强度和抗渗性能	第4.1.15条	—	检验合格,报告编号×××	√
	3	防水混凝土结构的变形缝、施工缝、后浇带、穿墙管、埋设件等设置和构造	第4.1.16条	6/6	抽查6处,合格6处	√
一般项目	1	防水混凝土结构表面应坚实、平整,不得有露筋、蜂窝等缺陷;埋设件位置应准确	第4.1.17条	6/6	抽查6处,合格6处	100%
	2	防水混凝土结构表面的裂缝宽度	≤0.2mm	6/6	抽查6处,合格6处	100%
	3	防水混凝土结构厚度不应小于250mm	+8mm −5mm	6/6	抽查6处,合格6处	100%
		主体结构迎水面钢筋保护层厚度不应小于50mm	±5mm	6/6	抽查6处,合格6处	100%
施工单位 检查结果	符合要求 专业工长:××× 项目专业质量检查员:××× ××年×月×日					
监理单位 验收结论	合格 专业监理工程师:××× ××年×月×日					

水泥砂浆防水层检验批质量验收记录

01070102 ___001___

单位(子单位) 工程名称	××大厦	分部(子分部) 工程名称	地基与基础/ 地下防水	分项工程名称	水泥砂浆 防水层
施工单位	××建筑有限公司	项目负责人	×××	检验批容量	200m³
分包单位	—	分包单位项目 负责人	—	检验批部位	1～7轴地下室 外墙
施工依据	地下防水施工方案		验收依据	《地下防水工程质量验收规范》 GB 50208—2011	

		验收项目	设计要求及 规范规定	最小/实际 抽样数量	检查记录	检查 结果
主控项目	1	防水砂浆的原材料及配 合比	第4.2.7条	—	质量证明文件齐全,检验合 格,报告编号××××	√
	2	防水砂浆的粘结强度和 抗渗性能	第4.2.8条	—	检验合格,报告编号×× ××	√
	3	水泥砂浆防水层与基层 之间应结合牢固,无空鼓 现象	第4.2.9条	3/3	抽查3处,合格3处	√
一般项目	1	水泥砂浆防水层表面应 密实、平整、不得有裂纹、起 砂、麻面等缺陷	第4.2.10条	3/3	抽查3处,合格3处	100%
	2	水泥砂浆防水层施工缝 留槎位置应正确,接槎应按 层次顺序操作,层层搭接 紧密	第4.2.11条	3/3	抽查3处,合格3处	100%
	3	水泥砂浆防水层的平均 厚度应符合设计要求	厚度≥设计值 的85%	3/3	抽查3处,合格3处	100%
	4	水泥砂浆防水层表面平 整度	5mm	3/3	抽查3处,合格3处	100%

施工单位 检查结果	符合要求 专业工长:××× 项目专业质量检查员:××× ××年×月×日
监理单位 验收结论	合格 专业监理工程师:××× ××年×月×日

卷材防水层检验批质量验收记录

01070103 ___001___

单位(子单位)工程名称	××大厦	分部(子分部)工程名称	地基与基础/地下防水	分项工程名称	卷材防水层
施工单位	××建筑有限公司	项目负责人	×××	检验批容量	800m³
分包单位	—	分包单位项目负责人	—	检验批部位	1～7/A～C轴基础底板
施工依据	地下防水施工方案		验收依据	《地下防水工程质量验收规范》GB 50208—2011	

		验 收 项 目	设计要求及规范规定	最小/实际抽样数量	检 查 记 录	检查结果
主控项目	1	卷材防水层所用卷材及其配套材料	第4.3.15条	—	质量证明文件齐全,检验合格,报告编号××××	√
	2	卷材防水层在转角处、变形缝、施工缝、穿墙管等部位做法	第4.3.16条	8/8	抽查8处,合格8处	√
一般项目	1	卷材防水层的搭接缝	第4.3.17条	8/8	抽查8处,合格8处	100%
	2	采用外防外贴法铺贴卷材防水层时,立面卷材接槎的搭接宽度,且上层卷材应盖过下层卷材	第4.3.18条	8/8	抽查8处,合格8处	100%
	3	侧墙卷材防水层的保护层	第4.3.19条	8/8	抽查8处,合格8处	100%
	4	卷材搭接宽度	—10mm	8/8	抽查8处,合格8处	100%

施工单位检查结果	符合要求 专业工长:××× 项目专业质量检查员:××× ××年×月×日
监理单位验收结论	合格 专业监理工程师:××× ××年×月×日

涂料防水层检验批质量验收记录

01070104 ___001___

单位(子单位) 工程名称	××大厦	分部(子分部) 工程名称	地基与基础/ 地下防水	分项工程名称	涂料防水层
施工单位	××建筑有限公司	项目负责人	×××	检验批容量	200m³
分包单位	—	分包单位项目 负责人	—	检验批部位	1～7轴地下室 外墙
施工依据	地下防水施工方案		验收依据	《地下防水工程质量验收规范》 GB 50208—2011	

		验 收 项 目	设计要求及 规范规定	最小/实际 抽样数量	检 查 记 录	检查 结果
主控项目	1	涂料防水层所用的材料 及配合比	第4.4.7条	—	质量证明文件齐全,检验合 格,报告编号××××	√
	2	涂料防水层的平均厚度 应符合设计要求	∡90%	3/3	抽查3处,合格3处	√
	3	涂料防水层在转角处、变 形缝、施工缝、穿墙管等部 位做法	第4.4.9条	3/3	抽查3处,合格3处	√
一般项目	1	涂料防水层应与基层 粘结	第4.4.10条	3/3	抽查3处,合格3处	100%
	2	涂层间夹铺胎体增强 材料	第4.4.11条	3/3	抽查3处,合格3处	100%
	3	侧墙涂料防水层的保 护层	第4.4.12条	3/3	抽查3处,合格3处	100%

施工单位 检查结果	符合要求 专业工长:××× 项目专业质量检查员:××× ××年×月×日
监理单位 验收结论	合格 专业监理工程师:××× ××年×月×日

塑料防水板防水层检验批质量验收记录

01070105 ___001___

单位(子单位)工程名称		××大厦	分部(子分部)工程名称	地基与基础/地下防水	分项工程名称	塑料防水板防水层
施工单位		××建筑有限公司	项目负责人	×××	检验批容量	300m³
分包单位		—	分包单位项目负责人	—	检验批部位	1～7轴外墙
施工依据		地下防水施工方案	验收依据		《地下防水工程质量验收规范》GB 50208—2011	

验收项目			设计要求及规范规定	最小/实际抽样数量	检查记录	检查结果
主控项目	1	塑料防水板及其配套材料	第4.5.8条	—	质量证明文件齐全,检验合格,报告编号××××	√
	2	塑料防水板的搭接缝必须采用双缝热熔焊接	第4.5.9条	3/3	抽查3处,合格3处	√
	3	塑料防水板每条焊缝的有效宽度	≮10mm	35/40	抽查40处,合格40处	√
一般项目	1	塑料防水板应采用无钉孔铺设,其固定点的间距	第4.5.10条	3/3	抽查3处,合格3处	100%
	2	塑料防水板与暗钉圈焊接	第4.5.11条	3/3	抽查3处,合格3处	100%
	3	塑料防水板的铺设	第4.5.12条	3/3	抽查3处,合格3处	100%
	4	塑料防水板搭接宽度	—10mm	3/3	抽查3处,合格3处	100%

施工单位检查结果	符合要求 专业工长:××× 项目专业质量检查员:××× ××年×月×日
监理单位验收结论	合格 专业监理工程师:××× ××年×月×日

金属板防水层检验批质量验收记录

01070106 ___001___

单位(子单位) 工程名称	××大厦	分部(子分部) 工程名称	地基与基础/ 地下防水	分项工程名称	金属板防水层
施工单位	××建筑有限公司	项目负责人	×××	检验批容量	400m³
分包单位	—	分包单位项目 负责人	—	检验批部位	1～7轴外墙
施工依据	地下防水施工方案		验收依据	《地下防水工程质量验收规范》 GB 50208—2011	

		验收项目	设计要求及 规范规定	最小/实际 抽样数量	检查记录	检查 结果
主控项目	1	金属板和焊接材料	第4.6.6条	—	质量证明文件齐全,检验 合格,报告编号××××	√
	2	焊工应持有有效的执业 资格证书	第4.6.7条	—	文件符合规定,资料齐全	√
一般项目	1	金属板表面不得有明显 凹面和损伤	第4.6.8条	40/40	抽查40处,合格40处	100%
	2	焊缝质量	第4.6.9条	20/50	抽查50处,合格50处	100%
	3	焊缝的焊波和保护涂层	第4.6.10条	20/50	抽查50处,合格50处	100%

施工单位 检查结果	符合要求 专业工长:××× 项目专业质量检查员:××× ××年×月×日
监理单位 验收结论	合格 专业监理工程师:××× ××年×月×日

膨润土防水材料防水层检验批质量验收记录

01070107 ___001___

单位(子单位)工程名称	××大厦	分部(子分部)工程名称	地基与基础/地下防水	分项工程名称	膨润土防水材料防水层
施工单位	××建筑有限公司	项目负责人	×××	检验批容量	900m³
分包单位	—	分包单位项目负责人	—	检验批部位	1～7轴外墙
施工依据	地下防水施工方案		验收依据	《地下防水工程质量验收规范》GB 50208—2011	

		验收项目	设计要求及规范规定	最小/实际抽样数量	检查记录	检查结果
主控项目	1	膨润土防水材料	第4.7.11条	—	质量证明文件齐全,检验合格,报告编号××××	√
	2	膨润土防水材料防水层在转角处和变形缝、施工缝、后浇带、穿墙管等部位做法	第4.7.12条	9/9	抽查9处,合格9处	√
一般项目	1	膨润土防水毯的织布面或防水板的膨润土面朝向	第4.7.13条	9/9	抽查9处,合格9处	100%
	2	立面或斜面膨润土防水材料施工	第4.7.14条	9/9	抽查9处,合格9处	100%
	3	膨润土防水材料固定	第4.7.5条	9/9	抽查9处,合格9处	100%
		膨润土防水材料搭接	第4.7.6条	9/9	抽查9处,合格9处	100%
		膨润土防水材料收口	第4.7.7条	9/9	抽查9处,合格9处	100%
	4	膨润土防水材料搭接宽度	—10mm	9/9	抽查9处,合格9处	100%
施工单位检查结果	符合要求 专业工长:××× 项目专业质量检查员:××× ××年×月×日					
监理单位验收结论	合格 专业监理工程师:××× ××年×月×日					

施工缝检验批质量验收记录

01070201 ___001___

单位(子单位) 工程名称	××大厦	分部(子分部) 工程名称	地基与基础/ 地下防水	分项工程名称	施工缝
施工单位	××建筑有限公司	项目负责人	×××	检验批容量	100m³
分包单位	—	分包单位项目 负责人	—	检验批部位	−3.2m 水平 施工缝
施工依据	地下防水施工方案		验收依据	《地下防水工程质量验收规范》 GB 50208—2011	

		验 收 项 目	设计要求及 规范规定	最小/实际 抽样数量	检查记录	检查 结果
主控项目	1	施工缝防水密封材料种类及质量	第5.1.1条	—	质量证明文件齐全,检验合格,报告编号××××	√
	2	施工缝防水构造	第5.1.2条	全/全	全部检查,符合设计要求	√
一般项目	1	墙体水平施工缝位置	第5.1.3条	全/全	全部检查,符合设计要求	√
		拱、板与墙结合的水平施工缝位置	第5.1.3条	—	—	—
		垂直施工缝位置	第5.1.3条	—	—	—
	2	在施工缝处继续浇筑混凝土时,已浇筑的混凝土抗压强度不应小于1.2MPa	第5.1.4条	全/全	全部检查,符合施工技术方案	√
	3	水平施工缝界面处理	第5.1.5条	全/全	全部检查,符合施工技术方案	√
	4	垂直施工缝浇筑界面处理	第5.1.6条	—	—	—
	5	中埋式止水带及外贴式止水带埋设	第5.1.7条	全/全	全部检查,符合设计要求	√
	6	遇水膨胀止水带应具有膨胀性能	第5.1.8条	—	—	—
		止水带埋设	第5.1.8条	—	—	—
	7	遇水膨胀止水胶施工	第5.1.9条	—	—	—
	8	预埋式注浆管设置	第5.1.10条	—	—	—
施工单位 检查结果	符合要求 专业工长:××× 项目专业质量检查员:××× ××年×月×日					
监理单位 验收结论	合格 专业监理工程师:××× ××年×月×日					

变形缝检验批质量验收记录

04050501 001

单位(子单位) 工程名称	××大厦	分部(子分部) 工程名称	屋面/细部 构造	分项工程名称	变形缝
施工单位	××建筑有限公司	项目负责人	×××	检验批容量	10处
分包单位	/	分包单位项目 负责人	/	检验批部位	1～4/A～D 轴屋面
施工依据	《屋面工程技术规范》 GB 50345—2012		验收依据	《屋面工程质量验收规范》 GB 50207—2012	

		验 收 项 目	设计要求及 规范规定	最小/实际 抽样数量	检 查 记 录	检查 结果
主控项目	1	变形缝的防水构造	设计要求	全/10	共 10 处,全部检查,合格 10 处	√
	2	不得有渗漏和积水现象	第8.6.2条	全/10	共 10 处,全部检查,合格 10 处	√
一般项目	1	泛水高度及附加层铺设	设计要求	全/10	共 10 处,全部检查,合格 10 处	100%
	2	防水层应铺贴或涂刷至 泛水墙的顶部	第8.6.4条	全/10	共 10 处,全部检查,合格 10 处	100%
	3	变形缝顶部应加扣混凝 土或金属盖板	第8.6.5条	全/10	共 10 处,全部检查,合格 10 处	100%
	4	金属压条钉压固定,并用 密封材料封严	第8.6.6条	全/10	共 10 处,全部检查,合格 10 处	100%

施工单位 检查结果	符合要求 专业工长:××× 项目专业质量检查员:××× ××年×月×日
监理单位 验收结论	合格 专业监理工程师:××× ××年×月×日

后浇带检验批质量验收记录

01070203 ___001___

单位(子单位) 工程名称			××大厦	分部(子分部) 工程名称	地基与基础/ 地下防水	分项工程名称	后浇带	
施工单位			××建筑有限公司	项目负责人	×××	检验批容量	3 处	
分包单位			—	分包单位项目 负责人	—	检验批部位	1～7轴地下室 北侧外墙	
施工依据			地下防水施工方案		验收依据	《地下防水工程质量验收规范》 GB 50208—2011		

		验收项目	设计要求及 规范规定	最小/实际 抽样数量	检查记录	检查 结果
主控项目	1	后浇带用遇水膨胀止水条或止水胶、预埋注浆管、外贴式止水带	第5.3.1条	—	质量证明文件齐全,检验合格,报告编号××××	√
	2	补偿收缩混凝土的原材料及配合比	第5.3.2条	—	质量证明文件齐全,检验合格,报告编号××××	√
	3	后浇带防水构造	第5.3.3条	全/3	共3处,全部检查,合格3处	√
	4	采用掺膨胀剂的补偿收缩混凝土,其抗压强度、抗渗性能和限制膨胀率	第5.3.4条	—	检验合格,报告编号××××	√
一般项目	1	补偿收缩混凝土浇筑前,后浇带部位和外贴式止水带应采取保护措施	第5.3.5条	全/3	共3处,全部检查,合格3处	100%
	2	后浇带两侧的接缝表面应先清理干净,再涂刷混凝土界面处理剂或水泥基渗透结晶型防水涂料	第5.3.6	全/3	共3处,全部检查,合格3处	100%
		后浇混凝土的浇筑时间应符合设计要求	第5.3.6条	全/3	共3处,全部检查,合格3处	100%
	3	遇水膨胀止水条应具有缓膨胀性能	第5.1.6条	全/3	共3处,全部检查,合格3处	100%
		止水条埋设位置、方法	第5.1.8条	全/3	共3处,全部检查,合格3处	100%
		止水条采用搭接连接时,搭接宽度	不得小于 30mm	全/3	共3处,全部检查,合格3处	100%
	4	遇水膨胀止水胶施工	第5.1.9条	全/3	共3处,全部检查,合格3处	100%
	5	预埋式注浆管设置	第5.1.10条	—	—	—
	6	外贴式止水带在变形缝与施工缝相交部位和变形缝转角部位设置	第5.2.6条	—	—	—
		外贴式止水带埋设位置和敷设	第5.2.6条	—	—	—
	7	后浇带混凝土应一次浇筑,不得留施工缝	第5.3.8条	—	—	—
		混凝土浇筑后应及时养护,养护时间不得少于28d	第5.3.8条	全/3	共3处,全部检查,合格3处	100%

施工单位 检查结果	符合要求 专业工长:××× 项目专业质量检查员:××× ××年×月×日
监理单位 验收结论	合格 专业监理工程师:××× ××年×月×日

穿墙管检验批质量验收记录

01070204　　001

单位(子单位) 工程名称	××大厦	分部(子分部) 工程名称	地基与基础/ 地下防水	分项工程名称		穿墙管
施工单位	××建筑有限公司	项目负责人	×××	检验批容量		6处
分包单位	—	分包单位项目 负责人	—	检验批部位		1~7轴地下 室外墙
施工依据	地下防水施工方案		验收依据	《地下防水工程质量验收规范》 GB 50208—2011		

		验收项目	设计要求及 规范规定	最小/实际 抽样数量	检查记录	检查 结果
主控项目	1	穿墙管用遇水膨胀止水条和密封材料	第5.4.1条	—	质量证明文件齐全,检验合格,报告编号××××	√
	2	穿墙管防水构造	第5.4.2条	全/6	共6处,全部检查,合格6处	√
一般项目	1	固定式穿墙管应加焊止水环或环绕遇水膨胀止水圈,并作好防腐处理	第5.4.3条	全/6	共6处,全部检查,合格6处	100%
		固定式穿墙管应在主体结构迎水面预留凹槽,槽内应用密封材料嵌填密实	第5.4.3条	全/6	共6处,全部检查,合格6处	100%
	2	套管式穿墙管的套管与止水环及翼环	第5.4.4条	全/6	共6处,全部检查,合格6处	100%
		套管内密封处理及固定	第5.4.4条	全/6	共6处,全部检查,合格6处	100%
	3	穿墙盒设置	第5.4.5条	—	—	—
	4	主体结构迎水面有柔性防水层	第5.4.6条	全/6	共6处,全部检查,合格6处	100%
	5	密封材料嵌填	第5.4.7条	全/6	共6处,全部检查,合格6处	100%

施工单位 检查结果	符合要求 专业工长:××× 项目专业质量检查员:××× ××年×月×日
监理单位 验收结论	合格 专业监理工程师:××× ××年×月×日

埋设件检验批质量验收记录

01070205 ___001___

单位(子单位)工程名称	××大厦	分部(子分部)工程名称	地基与基础/地下防水	分项工程名称	埋设件
施工单位	××建筑有限公司	项目负责人	×××	检验批容量	12件
分包单位	—	分包单位项目负责人	—	检验批部位	1~7轴地下室外墙
施工依据	地下防水施工方案		验收依据	《地下防水工程质量验收规范》GB 50208—2011	

		验 收 项 目	设计要求及规范规定	最小/实际抽样数量	检查记录	检查结果
主控项目	1	埋设件用密封材料	第5.5.1条	—	质量证明文件齐全,检验合格,报告编号××××	√
	2	埋设件防水构造	第5.5.2条	全/12	共12处,全部检查,合格12处	√
一般项目	1	埋设件应位置准确,固定牢靠	第5.5.3条	全/12	共12处,全部检查,合格12处	100%
		埋设件应进行防腐处理	第5.5.3条	全/12	共12处,全部检查,合格12处	100%
	2	埋设件端部或预留孔、槽底部的混凝土厚度不得少于250mm	第5.5.4条	全/12	共12处,全部检查,合格12处	100%
		当混凝土厚度小于250mm时,应局部加厚或采取其他防水措施	第5.5.4条	—	—	—
	3	结构迎水面的埋设件周围构造	第5.5.5条	全/12	共12处,全部检查,合格12处	100%
	4	用于固定模板的螺栓必须穿过混凝土结构时,可采用工具式螺栓或螺栓加堵头,螺栓上应加焊止水环	第5.5.6条	全/12	共12处,全部检查,合格12处	100%
		拆模后留下的凹槽处理	第5.5.6条	全/12	共12处,全部检查,合格12处	100%
	5	预留孔、槽内的防水层应与主体防水层保持连续	第5.5.7条	全/12	共12处,全部检查,合格12处	100%
	6	密封材料嵌填	第5.5.8条	全/12	共12处,全部检查,合格12处	100%
施工单位检查结果		符合要求 专业工长:××× 项目专业质量检查员:××× ××年×月×日				
监理单位验收结论		合格 专业监理工程师:××× ××年×月×日				

预留通道接头检验批质量验收记录

01070206 __001

单位(子单位)工程名称	××大厦	分部(子分部)工程名称	地基与基础/地下防水	分项工程名称	预留通道接头
施工单位	××建筑有限公司	项目负责人	×××	检验批容量	12处
分包单位	—	分包单位项目负责人	—	检验批部位	1~7轴地下室外墙
施工依据	地下防水施工方案		验收依据	《地下防水工程质量验收规范》GB 50208—2011	

		验收项目	设计要求及规范规定	最小/实际抽样数量	检查记录	检查结果
主控项目	1	预留通道接头用密封材料	第5.6.1条	—	质量证明文件齐全,检验合格,报告编号××××	√
	2	预留通道接头防水构造	第5.6.2条	全/12	共12处,全部检查,合格12处	√
	3	中埋式止水带埋设位置	第5.6.3条	全/12	共12处,全部检查,合格12处	√
一般项目	1	预留通道先浇筑混凝土结构	第5.6.4条	全/12	共12处,全部检查,合格12处	100%
	2	遇水膨胀止水条应具有缓膨胀性能	第5.1.8条	全/12	共12处,全部检查,合格12处	100%
		止水条埋设	第5.1.8条	全/12	共12处,全部检查,合格12处	100%
	3	遇水膨胀止水胶施工	第5.1.9条	全/12	共12处,全部检查,合格12处	100%
	4	预埋式注浆管设置	第5.1.10条	—		—
	5	密封材料嵌填	第5.6.6条	全/12	共12处,全部检查,合格12处	100%
	6	用膨胀螺栓固定可卸式止水带	第5.6.7条	—		—
		金属膨胀螺栓防腐	第5.6.7条	—		—
	7	预留通道接头外部应设保护墙	第5.6.8条	全/12	共12处,全部检查,合格12处	100%
施工单位检查结果		符合要求 专业工长:××× 项目专业质量检查员:××× ××年×月×日				
监理单位验收结论		合格 专业监理工程师:××× ××年×月×日				

桩头检验批质量验收记录

01070207 ___001

单位(子单位)工程名称	××大厦	分部(子分部)工程名称	地基与基础/地下防水	分项工程名称	桩头
施工单位	××建筑有限公司	项目负责人	×××	检验批容量	7根
分包单位	—	分包单位项目负责人	—	检验批部位	1～7轴
施工依据	地下防水施工方案	验收依据	《地下防水工程质量验收规范》GB 50208—2011		

		验 收 项 目	设计要求及规范规定	最小/实际抽样数量	检 查 记 录	检查结果
主控项目	1	桩头用防水材料	第5.7.1条	—	质量证明文件齐全,检验合格,报告编号××××	√
	2	桩头防水构造	第5.7.2条	全/7	共7处,全部检查,合格7处	√
	3	桩头混凝土	第5.7.3条	全/7	共7处,全部检查,合格7处	√
一般项目	1	桩头顶面和侧面裸露处应涂刷水泥基渗透结晶型防水涂料,并延伸至结构底板垫层150mm处	第5.7.4条	全/7	共7处,全部检查,合格7处	100%
		桩头周围300mm范围内应抹聚合物水泥防水砂浆过渡层	第5.7.4条	全/7	共7处,全部检查,合格7处	100%
	2	结构底板防水层应做在聚合物水泥防水砂浆过渡层上并延伸至桩头侧壁,其与桩头侧壁接缝处应用密封材料嵌填	第5.7.5条	全/7	共7处,全部检查,合格7处	100%
	3	桩头的受力钢筋根部应采用遇水膨胀止水条或止水胶,并应采取保护措施	第5.7.6条	全/7	共7处,全部检查,合格7处	100%
	4	遇水膨胀止水条应具有缓膨胀性能	第5.1.8条	全/7	共7处,全部检查,合格7处	100%
		止水条埋设	第5.1.8条	全/7	共7处,全部检查,合格7处	100%
	5	遇水膨胀止水胶施工	第5.1.9条	全/7	共7处,全部检查,合格7处	100%
	6	密封材料嵌填	第5.7.8条	全/7	共7处,全部检查,合格7处	100%

施工单位检查结果	符合要求 专业工长:××× 项目专业质量检查员:××× ××年×月×日
监理单位验收结论	合格 专业监理工程师:××× ××年×月×日

孔口检验批质量验收记录

01070208 ___001___

单位(子单位)工程名称	××大厦	分部(子分部)工程名称	地基与基础/地下防水	分项工程名称	孔口
施工单位	××建筑有限公司	项目负责人	×××	检验批容量	2处
分包单位	—	分包单位项目负责人	—	检验批部位	1～7轴出入口
施工依据	地下防水施工方案		验收依据	《地下防水工程质量验收规范》GB 50208—2011	

		验 收 项 目	设计要求及规范规定	最小/实际抽样数量	检 查 记 录	检查结果
主控项目	1	孔口用防水卷材、防水涂料和密封材料	第5.8.1条	—	质量证明文件齐全,检验合格,报告编号××××	√
	2	孔口防水构造	第5.8.2条	全/2	共2处,全部检查,合格2处	√
一般项目	1	人员出入口	第5.8.3条	全/2	共2处,全部检查,合格2处	100%
		汽车出入口	第5.8.3条	—	—	—
	2	窗井的底部在最高地下水位以上时,防水处理	第5.8.4条	—	—	—
	3	窗井或窗井的一部分在最高地下水位以下时,防水试验	第5.8.5条	—	—	—
	4	窗井内的底板应低于窗下缘300mm	第5.8.6条	—	—	—
		窗井墙高出室外地面不得小于500mm	第5.8.6条	—	—	—
		窗井外地面应做散水,散水与墙面间应采用密封材料嵌填	第5.8.6条	—	—	—
	5	密封材料嵌填	第5.8.7条	全/2	共2处,全部检查,合格2处	100%

施工单位检查结果	符合要求 专业工长:××× 项目专业质量检查员:××× ××年×月×日
监理单位验收结论	合格 专业监理工程师:××× ××年×月×日

坑、池检验批质量验收记录

01070209 ___001

单位(子单位)工程名称		××大厦	分部(子分部)工程名称	地基与基础/地下防水	分项工程名称		坑、池
施工单位		××建筑有限公司	项目负责人	×××	检验批容量		3个
分包单位		—	分包单位项目负责人	—	检验批部位		地下室集水坑
施工依据		地下防水施工方案	验收依据	《地下防水工程质量验收规范》 GB 50208—2011			

		验收项目	设计要求及规范规定	最小/实际抽样数量	检查记录	检查结果
主控项目	1	坑、池防水混凝土的原材料、配合比及坍落度	第5.9.1条	—	质量证明文件齐全,检验合格,报告编号××××	√
	2	坑、池防水构造	第5.9.2条	全/3	共3处,全部检查,合格3处	√
	3	坑、池、储水库内部防水层完成后,应进行蓄水试验	第5.9.3条	—	试验合格,报告编号×× ××	√
一般项目	1	坑、池、储水库宜采用防水混凝土整体浇筑,混凝土质量	第5.9.4条	全/3	共3处,全部检查,合格3处	100%
	2	坑、池底板的混凝土厚度不应少于250mm	第5.9.5条	全/3	共3处,全部检查,合格3处	100%
		当底板的厚度小于250mm时,应采取局部加厚措施,并应使防水层保持连续	第5.9.5条	—	—	—
	3	坑、池施工完后,应及时遮盖和防止杂物堵塞	第5.9.6条	全/3	共3处,全部检查,合格3处	100%

施工单位检查结果	符合要求 专业工长:××× 项目专业质量检查员:××× ××年×月×日
监理单位验收结论	合格 专业监理工程师:××× ××年×月×日

锚喷支护检验批质量验收记录

单位(子单位) 工程名称	××大厦	分部(子分部) 工程名称	地基与基础/ 地下防水	分项工程名称	锚喷支护
施工单位	××建筑有限公司	项目负责人	×××	检验批容量	60m³
分包单位	—	分包单位项目 负责人	—	检验批部位	1～7轴基坑
施工依据	地下防水施工方案		验收依据	《地下防水工程质量验收规范》 GB 50208—2011	

验收项目			设计要求及 规范规定	最小/实际 抽样数量	检查记录	检查 结果
主控项目	1	喷射混凝土所用原材料、混合料配合比以及钢筋网、锚杆、钢拱架等	第6.1.9条	—	质量证明文件齐全,检验合格,报告编号××××	√
	2	喷射混凝土抗压强度,抗渗性能和锚杆抗拔力	第6.1.10条	—	检验合格,资料齐全	√
	3	锚杆支护的渗漏水量	第6.1.11条	3/3	抽查3处,合格3处	√
一般项目	1	喷层与围岩以及喷层之间	第6.1.12条	3/3	抽查3处,合格3处	100%
	2	喷层厚度	第6.1.13条	3/3	抽查3处,合格3处	100%
	3	喷射混凝土质量	第6.1.14条	—	质量证明文件齐全,检测合格,试验编号××××	√
	4	喷射混凝土表面平整度 D/L	≤1/6	3/3	抽查3处,合格3处	100%

施工单位 检查结果	符合要求 专业工长:××× 项目专业质量检查员:××× ××年×月×日
监理单位 验收结论	合格 专业监理工程师:××× ××年×月×日

地下连续墙检验批质量验收记录

01070302 ___001___

单位(子单位) 工程名称	××大厦	分部(子分部) 工程名称	地基与基础/ 地下防水	分项工程名称	地下连续墙
施工单位	××建筑有限公司	项目负责人	×××	检验批容量	60段
分包单位	—	分包单位项目 负责人	—	检验批部位	1~7轴基坑 西侧
施工依据	地下防水施工方案		验收依据	《地下防水工程质量验收规范》 GB 50208—2011	

验收项目			设计要求及 规范规定	最小/实际 抽样数量	检查记录	检查 结果
主控项目	1	防水混凝土的原材料、配合比以及坍落度	第6.2.8条	—	质量证明文件齐全,检验合格,报告编号××××	√
	2	防水混凝土的抗压强度和抗渗性能	第6.2.9条	—	检验合格,报告编号××××	√
	3	地下连续墙的渗漏水量	第6.2.10条	12/12	抽查12处,合格12处	√
一般项目	1	地下连续墙的槽段接缝构造	第6.2.11条	12/12	抽查12处,合格12处	100%
	2	地下连续墙墙面	第6.2.12条	12/12	抽查12处,合格12处	100%
	3	地下连续墙墙体表面平整度	临时支护墙体	50mm	—	—	—
			单一或复合墙体	30mm	12/12	抽查12处,合格12处	100%

施工单位 检查结果	符合要求 专业工长:××× 项目专业质量检查员:××× ××年×月×日
监理单位 验收结论	合格 专业监理工程师:××× ××年×月×日

盾构隧道检验批质量验收记录

01070303 ___001___

单位(子单位) 工程名称		××大厦	分部(子分部) 工程名称	地基与基础/ 地下防水	分项工程名称	盾构隧道	
施工单位		××建筑有限公司	项目负责人	×××	检验批容量	100环	
分包单位		—	分包单位项目 负责人	—	检验批部位	1～100环	
施工依据		地下防水施工方案		验收依据	《地下防水工程质量验收规范》 GB 50208—2011		
验收项目			设计要求及 规范规定	最小/实际 抽样数量	检查记录		检查 结果
主控项目	1	盾构隧道衬砌所用防水 材料	第6.3.11条	—	质量证明文件齐全,试验 合格,报告编号××××		√
	2	钢筋混凝土管片的抗压 强度和抗渗性能	第6.3.12条	—	检验合格,报告编号×× ××		√
	3	盾构隧道衬砌的渗漏水量	第6.3.13条	20/20	抽查20环,合格20环		√
一般项目	1	管片接缝密封垫及其沟 槽的断面尺寸	第6.3.14条	20/20	抽查20环,合格20环		100%
	2	密封垫在沟槽内设置	第6.3.15条	20/20	抽查20环,合格20环		100%
	3	管片嵌缝槽的深度比及 断面构造形式、尺寸	第6.3.16条	20/20	抽查20环,合格20环		100%
	4	嵌缝材料嵌填	第6.3.17条	20/20	抽查20环,合格20环		100%
	5	管片的环向及纵向螺栓	第6.3.18条	20/20	抽查20环,合格20环		100%
		衬砌内表面的外露铁件 防腐处理	第6.3.18条	20/20	抽查20环,合格20环		100%
施工单位 检查结果		符合要求 　　　　　　　　　　　专业工长:××× 　　　　　　　　项目专业质量检查员:××× 　　　　　　　　　　　　　　××年×月×日					
监理单位 验收结论		合格 　　　　　　　　　　专业监理工程师:××× 　　　　　　　　　　　　　××年×月×日					

沉井工程检验批质量验收记录

01070304 __001

单位(子单位)工程名称	××大厦	分部(子分部)工程名称	地基与基础/地下防水	分项工程名称	沉井
施工单位	××建筑有限公司	项目负责人	×××	检验批容量	500m³
分包单位	—	分包单位项目负责人	—	检验批部位	1~7轴
施工依据	地下防水施工方案	验收依据	《地下防水工程质量验收规范》GB 50208—2011		

		验 收 项 目	设计要求及规范规定	最小/实际抽样数量	检 查 记 录	检查结果
主控项目	1	沉井混凝土的原材料、配合比以及坍落度	第6.4.7条	—	质量证明文件齐全,检验合格,报告编号××××	√
	2	沉井混凝土的抗压强度和抗渗性能	第6.4.8条	—	检验合格,报告编号××××	√
	3	沉井的渗漏水量	第6.4.9条	5/5	抽查5处,合格5处	√
一般项目	1	沉井干封施工	第6.4.3条	5/5	抽查5处,合格5处	100%
		沉井水封施工	第6.4.4条	—	—	—
	2	沉井底板与井壁接缝处的防水处理	第6.4.11条	5/5	抽查5处,合格5处	100%

施工单位检查结果	符合要求 专业工长:××× 项目专业质量检查员:××× ××年×月×日
监理单位验收结论	合格 专业监理工程师:××× ××年×月×日

逆筑结构检验批质量验收记录

01070305 ___001

单位(子单位) 工程名称	××大厦		分部(子分部) 工程名称	地基与基础/ 地下防水	分项工程名称	逆筑结构
施工单位	××建筑有限公司		项目负责人	×××	检验批容量	600m³
分包单位	—		分包单位项目 负责人	—	检验批部位	1~7轴地下室 外墙
施工依据	地下防水施工方案			验收依据	《地下防水工程质量验收规范》 GB 50208—2011	

		验收项目	设计要求及 规范规定	最小/实际 抽样数量	检查记录	检查 结果
主控项目	1	补偿收缩混凝土的原材料、配合比以及坍落度	第6.5.8条	—	质量证明文件齐全,检验合格,报告编号××××	√
	2	内衬墙接缝用遇水膨胀止水条或止水胶和预埋注浆管	第6.5.9条	—	质量证明文件齐全,检验合格,报告编号××××	√
	3	逆筑结构的渗漏水量	第6.5.10条	6/6	抽查6处,合格6处	√
一般项目	1	地下连续墙为主体结构逆筑法施工	第6.5.2条	6/6	抽查6处,合格6处	100%
		地下连续墙与内衬构成复合衬砌进行逆筑法施工	第6.5.3条	—	—	—
	2	遇水膨胀止水条应具有缓膨胀性能	第5.1.8条	6/6	抽查6处,合格6处	100%
		止水条埋设	第5.1.8条	6/6	抽查6处,合格6处	100%
	3	遇水膨胀止水胶施工	第5.1.9条	6/6	抽查6处,合格6处	100%
	4	预埋注浆管的施工	第5.1.10条	—	—	—

施工单位 检查结果	符合要求 专业工长:××× 项目专业质量检查员:××× ××年×月×日
监理单位 验收结论	合格 专业监理工程师:××× ××年×月×日

渗排水、盲沟排水检验批质量验收记录

01070401 　001

单位(子单位)工程名称	××大厦	分部(子分部)工程名称	地基与基础/地	分项工程名称	渗排水、盲沟排水
施工单位	××建筑有限公司	项目负责人	×××	检验批容量	100m³
分包单位	—	分包单位项目负责人	—	检验批部位	广场
施工依据	《××××工艺标准》××××-××××、施工方案		验收依据	《地下防水工程质量验收规范》GB 50208—2011	

		验收项目	设计要求及规范规定	最小/实际抽样数量	检查记录	检查结果
主控项目	1	盲沟反滤层的层次和粒径组成	第7.1.7条	—	试验合格,报告编号××××	√
	2	集水管的埋置深度及坡度	第7.1.8条	10/10	抽查10处,合格10处	√
一般项目	1	渗排水构造	第7.1.9条	10/10	抽查10处,合格10处	100%
	2	渗排水层的铺设	第7.1.10条	10/10	抽查10处,合格10处	100%
	3	盲沟排水构造	第7.1.11条	10/10	抽查10处,合格10处	100%
	4	集水管采用平接式或承插式接口	第7.1.12条	10/10	抽查10处,合格10处	100%

施工单位检查结果	符合要求 专业工长:××× 项目专业质量检查员:××× ××年×月×日
监理单位验收结论	合格 专业监理工程师:××× ××年×月×日

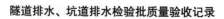

隧道排水、坑道排水检验批质量验收记录

01070402 _001_

单位(子单位) 工程名称	××大厦	分部(子分部) 工程名称	地基与基础/ 地	分项工程名称	隧道排水、坑道 排水
施工单位	××建筑有限公司	项目负责人	×××	检验批容量	800m³
分包单位	—	分包单位项目 负责人	—	检验批部位	广场
施工依据	《××××工艺标准》××××- ××××、施工方案		验收依据	《地下防水工程质量验收规范》 GB 50208—2011	

		验收项目	设计要求及 规范规定	最小/实际 抽样数量	检查记录	检查 结果
主控项目	1	盲沟反滤层的层次和粒径	第7.2.10条	—	试验合格,报告编号×××××	√
	2	无砂混凝土管、硬质塑料管或软式透水管	第7.2.11条	—	质量证明文件齐全,检测合格,报告编号××××	√
	3	隧道、坑道排水系统必须畅通	第7.2.12条	80/80	抽查80处,合格80处	√
一般项目	1	盲沟、盲管及横向导水管的管径、间距、坡度	第7.2.13条	80/80	抽查80处,合格80处	100%
	2	隧道或坑道内排水明沟及离壁式衬砌外排水沟,其断面尺寸及坡度	第7.2.14条	80/80	抽查80处,合格80处	100%
	3	盲管应与岩壁或初期支护密贴,并应固定牢固	第7.2.15条	80/80	抽查80处,合格80处	100%
		环向、纵向盲管接头宜与盲管相配套	第7.2.15条	80/80	抽查80处,合格80处	100%
	4	贴壁式、复合式衬壁的盲沟与混凝土衬砌接触部位应做隔浆层	第7.2.16条	80/80	抽查80处,合格80处	100%
施工单位 检查结果		符合要求 专业工长:××× 项目专业质量检查员:××× ××年×月×日				
监理单位 验收结论		合格 专业监理工程师:××× ××年×月×日				

塑料排水板排水检验批质量验收记录

01070403 __001__

单位(子单位) 工程名称	××大厦	分部(子分部) 工程名称	地基与基础/ 地	分项工程名称	塑料排水板 排水
施工单位	××建筑有限公司	项目负责人	×××	检验批容量	900m³
分包单位	—	分包单位项目 负责人	—	检验批部位	隧道
施工依据	《××××工艺标准》××××- ××××、施工方案		验收依据	《地下防水工程质量验收规范》 GB 50208—2011	

验收项目			设计要求及 规范规定	最小/实际 抽样数量	检查记录	检查 结果
主控项目	1	塑料排水板和土工布	第7.3.8条	—	质量证明文件齐全,检测合格,报告编号××××	√
	2	塑料排水板排水层与排水系统	第7.3.9条	9/9	抽查9处,合格9处	√
一般项目	1	塑料排水板排水层构造和施工工艺	第7.3.10条	9/9	抽查9处,合格9处	100%
	2	塑料排水板的长短边搭接宽度	均不应小于 100mm	9/9	抽查9处,合格9处	100%
		塑料排水板接缝	第7.3.11条	9/9	抽查9处,合格9处	100%
	3	盲沟排水构造	第7.3.12条	9/9	抽查9处,合格9处	100%

施工单位 检查结果	符合要求 专业工长:××× 项目专业质量检查员:××× ××年×月×日
监理单位 验收结论	合格 专业监理工程师:××× ××年×月×日

预注浆、后注浆检验批质量验收记录

01070501 __001__

单位(子单位)工程名称		××大厦	分部(子分部)工程名称	地基与基础/地	分项工程名称	预注浆、后注浆
施工单位		××建筑有限公司	项目负责人	×××	检验批容量	600m³
分包单位		—	分包单位项目负责人	—	检验批部位	厂房
施工依据		《××××工艺标准》××××-××××、施工方案		验收依据	《地下防水工程质量验收规范》GB 50208—2011	

验收项目			设计要求及规范规定	最小/实际抽样数量	检查记录	检查结果
主控项目	1	配制浆液的原材料及配合比	第8.1.7条	—	质量证明文件齐全,检测合格,报告编号××××	√
	2	预注浆和后注浆的注浆效果	第8.1.8条	6/6	抽查6处,合格6处	√
一般项目	1	注浆孔的数量、布置间距、钻孔深度及角度	第8.1.9条	6/6	抽查6处,合格6处	100%
	2	注浆各阶段的控制压力和注浆量	第8.1.10条	6/6	抽查6处,合格6处	100%
	3	注浆时浆液不得溢出地面和超出有效注浆范围	第8.1.11条	6/6	抽查6处,合格6处	100%
	4	注浆对地面产生的沉降量	≯30mm	6/6	抽查6处,合格6处	100%
		地面的隆起	≯20mm	6/6	抽查6处,合格6处	100%

| 施工单位检查结果 | 符合要求

专业工长:×××
项目专业质量检查员:×××

××年×月×日 |
|---|---|
| 监理单位验收结论 | 合格

专业监理工程师:×××

××年×月×日 |

200

结构裂缝注浆检验批质量验收记录

01070502　001

单位(子单位)工程名称	××大厦	分部(子分部)工程名称	地基与基础/地	分项工程名称	结构裂缝注浆
施工单位	××建筑有限公司	项目负责人	×××	检验批容量	60处
分包单位	—	分包单位项目负责人	—	检验批部位	防空洞
施工依据	《××××工艺标准》××××-××××、施工方案		验收依据	《地下防水工程质量验收规范》GB 50208—2011	

验收项目			设计要求及规范规定	最小/实际抽样数量	检查记录	检查结果
主控项目	1	注浆材料及配合比	第8.2.6条	—	质量证明文件齐全,检测合格,报告编号××××	√
	2	结构裂缝注浆的注浆效果	第8.2.7条	6/6	抽查6处,合格6处	100%
一般项目	1	注浆孔的数量、布置间距、钻孔深度及角度	第8.2.8条	6/6	抽查6处,合格6处	100%
	2	注浆各阶段的控制压力和注浆量	第8.2.9条	6/6	抽查6处,合格6处	100%

施工单位检查结果	符合要求 专业工长:××× 项目专业质量检查员:××× ××年×月×日
监理单位验收结论	合格 专业监理工程师:××× ××年×月×日

6.2　分项工程质量验收记录

<u>　土方开挖　</u>分项工程质量验收记录

编号：×××

单位(子单位) 工程名称	××办公楼工程		分部(子分部) 工程名称	地基与基础(土方)		
分项工程工程量	××m³		检验批数量		5	
施工单位	××建设集团有限公司	项目负责人	×××	项目技术负责人	×××	
分包单位	—	分包单位 项目负责人	—	分包内容	—	
序号	检验批名称	检验批容量	部位/区段	施工单位检查结果	监理单位验收结论	
1	土方开挖	××m³	A~E/1~10轴 (−0.3~−1.5m)	符合要求	合格	
2	土方开挖	××m³	A~E/1~10轴 (−1.5~−3.0m)	符合要求	合格	
3	土方开挖	××m³	A~E/1~10轴 (−3.0~−4.5m)	符合要求	合格	
4	土方开挖	××m³	A~E/1~10轴 (−4.5~−6.0m)	符合要求	合格	
5	土方开挖	××m³	A~E/4~10轴 (−6.0~−7.22m)	符合要求	合格	
6						
7						
8						
9						
10						
11						
12						
13						
14						
15						
说明： 　　检验批质量验收记录资料齐全完整						
施工单位 检查结果	符合要求 　　　　　　　　　　　项目专业技术负责人：××× 　　　　　　　　　　　　　　　　××年×月×日					
监理单位 验收结论	合格 　　　　　　　　　　　专业监理工程师：××× 　　　　　　　　　　　　　　　　××年×月×日					

6.3 分部（子分部）工程质量验收记录

<u>地基与基础</u> **分部工程质量验收记录**

编号： <u>01</u>

单位(子单位) 工程名称	××大厦	子分部工程 数量	4	分项工程数量	6
施工单位	××建筑公司	项目负责人	×××	技术(质量) 负责人	×××
分包单位	——	分包单位 负责人	—	分包内容	—

序号	子分部工程名称	分项工程名称	检验批数量	施工单位检查结果	监理单位验收结论
1	地基	水泥土搅拌桩地基	3	符合要求	合格
2	基础	筏形与箱形基础	26	符合要求	合格
3	土方	场地平整	1	符合要求	合格
4	土方	土方开挖	1	符合要求	合格
5	地下防水	主体结构防水	2	符合要求	合格
6	地下防水	细部构造防水	1	符合要求	合格
7					
8					

质量控制资料	检查42项,齐全有效	合格
安全和功能检验结果	检查5项,符合要求	合格
观感质量检验结果	好	

综合 验收结论	地基与基础分部工程验收合格。

施工单位 项目负责人： ××× ××年×月×日	勘察单位 项目负责人： ××× ××年×月×日	设计单位 项目负责人： ××× ××年×月×日	监理单位 总监理工程师： ××× ××年×月×日

注：1. 地基与基础分部工程的验收应由施工、勘察、设计单位项目负责人和总监理工程师参加并签字。

2. 主体结构、节能分部工程的验收应由施工、设计单位项目负责人和总监理工程师参加并签字。